周舒予——著

女孩，
你要学会保护自己

身体篇

北京理工大学出版社
BEIJING INSTITUTE OF TECHNOLOGY PRESS

版权专有　侵权必究

图书在版编目（CIP）数据

女孩，你要学会保护自己. 身体篇 / 周舒予著. —北京：北京理工大学出版社，2021.1（2022.10 重印）

ISBN 978-7-5682-8924-5

Ⅰ. ①女… Ⅱ. ①周… Ⅲ. ①女性－安全教育－青少年读物 Ⅳ. ① X956-49

中国版本图书馆 CIP 数据核字（2020）第 156760 号

出版发行 /	北京理工大学出版社有限责任公司
社　　址 /	北京市海淀区中关村南大街 5 号
邮　　编 /	100081
电　　话 /	（010）68914775（总编室）
	（010）82562903（教材售后服务热线）
	（010）68944723（其他图书服务热线）
网　　址 /	http://www.bitpress.com.cn
经　　销 /	全国各地新华书店
印　　刷 /	唐山富达印务有限公司
开　　本 /	880 毫米 ×1230 毫米　1/32
印　　张 /	7.25
字　　数 /	145 千字
版　　次 /	2021 年 1 月第 1 版　2022 年 10 月第 17 次印刷
定　　价 /	38.00 元

责任编辑 / 李慧智
文案编辑 / 李慧智
责任校对 / 刘亚男
责任印制 / 施胜娟

图书出现印装质量问题，请拨打售后服务热线，本社负责调换

前言

袅娜少女羞,岁月无忧愁。

每一个女孩存在的本身,都是一种美好。时光不等人,一天天过去,女孩们都会慢慢长大,这份美好也一直都在女孩的周身环绕,只不过它是慢慢沉淀的,如果你有耐心,也愿意努力,那么你的美好就是沉稳踏实的,就能从内而外渗透出来,赏心悦目。

然而在现实生活中,真的每一个女孩的美好都能好好地沉淀、慢慢地展现吗?并非如此。有些女孩的人生,就好像被埋藏了诸多的地雷或设定了诸多的炸弹,一步一惊心,遍布雷区。

可左右这一切的根源是什么?答案很明显,那就是作为女孩,是否具有良好的自我保护意识。

一般而言,在不同的人生阶段里,女孩需要考虑的问题也不尽相同,但有一个主题却不容忽视,那就是安全,就是女孩对自己的保护。

关于安全的内容,其实是包罗万象,然而对于女孩来说,有这么几个内容是需要我们格外注意的,它们分别是校园安全、

女孩，你要学会保护自己
身体篇

社会安全、身体安全、情感安全，也正是我们这套书所对应的几个主题。

校园安全——

学生时代的美好不可复制，因为它充满青春气息与向上力量，可以说是人生中最单纯快乐的时期。

然而也正是因为年少气盛，正是因为单纯直白，所以这时候的美好是脆弱的，充满了各种威胁，外界邪恶的入侵会变得相当容易，不论是何种内容的侵害，都可能给美好的青春染上难以磨灭的黑色印记。

校园中课堂内外的种种意外、同学之间的矛盾交集、校园内的种种黑手，都会成为威胁到单纯学生时代的因素。女孩子在校园里可能经历意外伤害，经历校园霸凌，经历异性威胁，经历成长疼痛。

社会安全——

学得一身本领，带着满腔憧憬，怀着为自己的未来奋斗的期待……初入社会时，每个年轻人都是干劲满满的。作为女孩，终于能够自我独立，为自己梦想中的生活而努力，这是多么值得期待的时光。

但社会永远不会完全符合你的期待，你可能会很好地融入社会，但也可能会被社会伤害。唯一能够防止伤害发生的办法，就是在你步入社会之初，就建立起强大的自我防御网，拥有强大的自我防范意识和自我防范能力。

前言

所以，女孩步入社会时要注意什么？要学会保持本心本性，要注意防范和面对不怀好意的人，要注意避免和应对被骗、被骚扰，要学习如何借助外力来保护自己，要远离黄赌毒等社会上的"邪物"，还要正视网络世界与种种生命危险禁区……

尽管经历摔打才能坚强，但对于这些威胁到自身安全的因素，身为女孩，我们还是能避则避，避不开则要了解如何合理对抗，毕竟安全地去进行合理的"摔打"，才是变得坚强起来的正向的路。

身体安全——

说到女孩的身体，总是和一大堆美好的形容词联系在一起，认真维护这份美好，就应该成为每一个女孩刻进骨髓的责任。

没错，你对你自己的身体是负有重要责任的。女孩要对自己的身体有一种本能的爱护，要通过正当渠道，以科学的态度来认知自己的身体；要正视青春期时身体的种种变化，保护好自己身体各方面的隐私；要为自己的身体穿好各种层面和意义上的"铠甲"；更要能够正确面对身体已经经历的变化，学会调整心态。

从某种角度来说，身体的确是女孩的本钱，那么为这份"本钱"加上最强有力的保险，应该怎么说都不为过吧！

情感安全——

任何一个身心正常发展的女孩，对于情感都会有美好的憧憬。所以，女孩们会对异性产生相思，会心怀甜蜜的情意，会笑得羞红脸，会梦得不愿醒……

相较于男孩，女孩的青春期往往开始得早一些。女孩情窦初

女孩，你要学会保护自己
身体篇

开的时候，会显得相当青涩，整个人从内到外都懵懂无知，如果没有正确的引导和自我防范，这份青涩可能会被利用、伤害。

那么成年之后会好一点吗？看看那么多情感类、相亲类节目就知道答案了，很多成年女性在情感方面也危机重重。被骗、被伤害，似乎都已经成了很多女孩的共同经历，她们不得不选择第三方来予以协助，不得不依靠父母的经验来为自己的情感生活把关。

而造成这种局面的原因是什么？无非就是女孩不懂得情感的真谛，更不懂得保护自己的情感，不懂得怎样"经营"，不知道尊重自身。

所以，情感方面的自我保护其实是一种更深层次的自我保护，如何对待"初恋"，如何处理异性关系，如何尊重自己的身体，如何看待性，如何避免性侵犯，如何让情感跟着自己一起成长……这些都是需要女孩好好学习的内容。

实际上，对于女孩来说，自我保护永远都没有可放弃、可停止的那一天。关于自我保护的常识，可能也远不止这套书所提到的校园、社会、身体、情感等方面的内容。作为女孩，要通过读书学习，逐渐变得成熟起来，让所学种种转化为自身储备，无论遇到怎样的危险，都能尽量为自己提供一份安全保障。

这世间的美好，正是由每一份美好拼接而成。

那么，每一个愿意认真成长的女孩，准备好应该如何安全而又自信地向世间展现自己的美好了吗？真心祝福天下女孩！

目 录

第一章

观念篇——我爱自己，我爱自己的身体

这个世界上谁最爱你？当然是你自己。只有你才是自己的主人，是自己身体的主人，其他任何人都不会拥有等同的"主人"权利。女孩应该建立起这样一种尊重自己、尊重自己身体的信念。无论何时，只有自己才有对自己身体的掌控权，这种自我尊重会帮助你提升自我保护意识，让你和你的身体一起变得更安全。

- 女孩，请做好保护自己身体的准备 // 3
- 认识保护身体的重要性，提升保护意识 // 7
- 掌握保护身体的各种方法与技巧 // 11
- 任何时候都要懂得自爱，言语行为不轻浮 // 16
- 学会拒绝，做自己身体的保护者 // 21
- 在言语上不贬损自己和他人的身体 // 26
- 不要陷入所谓"友谊"的陷阱 // 30
- 珍爱自己的身体，善待自己的身体 // 34

知识篇——青春期的知识，容不得忽视

对于青少年来说，在关于身体的内容中，青春期的知识是最重要的一部分。因为这时候身体的很多变化都与青春期有紧密的联系，不只是身体的变化，心理上因为身体变化而带来的种种反应，也不容忽视。所以，女孩要更好地保护身体、照顾身体，就要重视青春期的各种知识，做到心中有数，才能理智应对青春期的种种问题。

- 认识女孩青春期的体貌特征 // 43
- 身上长出了绒毛毛，不要慌 // 47
- 内裤上的白色东西是什么 // 51
- 了解乳房及其结构、发育阶段等知识 // 54
- 认识并照顾好自己的"隐秘地带" // 60
- 了解卵子、排卵以及月经等相关常识 // 64
- 受精、怀孕和生育，是怎么回事？// 70
- 认真了解一下避孕这件事 // 74
- 理智认识性教育，更好地保护自己 // 78

抵制诱惑篇——青春期的"涩苹果"不能吃

进入青春期，荷尔蒙开始发挥它猛烈的"攻势"，众多的青春期女孩，在散发自身青春气息的同时，也不得不开始接收来自青春期男孩的信息素的包围与试探。这就是青春期的"诱惑"。这条"诱惑之蛇"会送出表面看似甜美的"爱情果"。如果你失去了理智，不能抵制诱惑，那么你吃进口中的苹果，终将让你体会它甜美背后最真实的苦涩。

- 一定要知道那些不能碰触的"禁区" // 85
- 千万不要相信各种花言巧语 // 88
- 不要因为对方喜欢你，就让他接触你的身体 // 92
- 在心理上不把男女"亲昵交往"视为儿戏 // 95
- 苹果熟了才是甜的——"早恋"与延迟满足 // 99
- "裸贷"背后隐藏着极大的危险 // 104
- 尽量少或者不涉足所谓的"网络直播" // 109
- 不要被帅男孩的"帅"迷惑 // 113
- 正确应对网络中的各种或显或隐的"性信息" // 117

隐私保护篇——务必保护好身体的隐私

有人说信息社会将我们置身于一个"透明"的时代,我们的各种信息都在网络上留下痕迹,其中也可能包括与身体有关的各种信息。然而这种"透明"并不完全是被动的,很多时候也是我们自己打开了隐私的防护门。所以,为了能更好地保护自己,我们务必要想办法更科学地保护好身体的隐私。

- 在宾馆、试衣间等私密场所防止被偷拍 // 125
- 面对猥亵、性骚扰,要能够有智慧地去处理 // 130
- 裸聊,任何时候都不要尝试 // 135
- 自己的私密照片,不要发给别人看 // 140
- 不轻易跟别人透露关于自己身体的各种隐私 // 143
- 帮助人之前,一定要先"识人" // 147
- 即使坠入"情网",也要保护好自己的身体 // 151

第 五 章

身体防范篇——不要让身体置于"险境"

　　雾霾来时，我们会戴上口罩，这时口罩所起的作用，就是一种防范作用。其实我们的身体在很多时候也需要类似于口罩这样的防范，这种防范有时是实体的，有时则是需要我们进行精神层面的防范。但不管是哪一种防范，都意味着我们要对自己的身体负责。我们不能把自己的身体放置于不安全的处境中，这是主动避免不良侵害的重要原则。

- 公众面前要保持得体的着装 // 157
- 单独打车时尽量不坐在副驾驶位置 // 161
- 不要去试图搭陌生人的便车 // 164
- 尽量不要单独在夜间外出 // 168
- 积极防范来自熟悉"异性"的性侵害 // 172
- 你需要给自己的身体定一个"安全距离" // 176
- 约会强暴——生活中潜在的对身体有伤害的危险 // 180
- 娱乐场所与舞会——可能并不适合青春期的你 // 186
- 防范同性霸凌 // 190
- 不要在朋友家过夜，哪怕是女朋友家 // 194

第六章

补救篇——万一出现了问题，如何应对

青春期的女孩，一方面迅速成长，另一方面的确还只是个孩子，只是个心智不够成熟、能力也并不完备的成长中人。青春期与性有关的问题会骤然增多，面对这样那样的问题，我们可能会迷茫、害怕，但这也是我们成长的过程。万一出了问题，要学会补救，要从教训中去总结经验，让自己全方位地成长起来。

- 如果发生了意外，在心理上如何矫正 // 201
- 善于向父母求助，不隐瞒 // 206
- 自己的照片被 P 后放在网上，怎么办 // 210
- 如果不小心怀孕了，怎样正确应对 // 215
- 跟艾滋病病毒携带者有了亲密接触，怎么办 // 220
- 被强迫发生了性关系，如何应对 // 224
- 如果不幸遭遇了"性暴力"，怎么办 // 229

第一章
Chapter 1

观念篇——我爱自己，我爱自己的身体

> 这个世界上谁最爱你？当然是你自己。只有你才是自己的主人，是自己身体的主人，其他任何人都不会拥有等同的"主人"权利。女孩应该建立起这样一种尊重自己、尊重自己身体的信念。无论何时，只有自己才有对自己身体的掌控权，这种自我尊重会帮助你提升自我保护意识，让你和你的身体一起变得更安全。

第一章

观念篇——我爱自己，我爱自己的身体

 女孩，请做好保护自己身体的准备

> 一个12岁的小女孩曾和班上同学讲起自己的一段经历，说自己被家附近一个总是给她好吃东西的老伯带去小房间，在小房间里被"好心老伯"动手动脚，还被脱衣服又抱又啃。幸亏有老师意识到了女孩的遭遇，迅速报了警。最终警察抓到了那个已经对女孩造成实质性侵犯的老色狼。

南宋著名理学家魏了翁曾作过一首词牌名为"虞美人"的词，其中提到了一句"浮云富贵非公愿，只愿公身健"，意思是富贵钱财都是浮云，也并非你所愿，只愿你的身体能够健康。

其实自古至今，人们对于自己的身体都投入了相当多的关注，无不希望自己的身体健康，能够时刻处于一种安全的状态。

相比较男孩，女孩对自己身体的关注可能会更多一些，因为除了健康，女孩还更在意身体的美丽，在意身材是否姣好，在意自己身体的发育情况。

但不论是关注哪些内容，显然对身体的态度都应该是主动的，也就是我们要主动地去掌握自己身体的动态，主动地去调节身体，主动地爱护身体，主动地为保护身体做各种事。

女孩，你要学会保护自己

身体篇

对于青春期的女孩来说，身体其实正在开启一场"巨变"。也许很多女孩完全想象不到自己的身体会变成什么样子，一旦身体的变化开启，就很容易陷入一种焦虑之中。而不能否认的是，身体的变化也会很自然地同步开启心理的变化，也会随之影响个人的情绪。

其实这些改变都还属于我们自己可以掌控的范围，只要多学习，多向妈妈或女老师请教，我们总能得到很多的指点与安慰。但是，当我们进入青春期之后，还有另一种变化，那就是外界环境对我们的看法。

你也许会觉得这很奇怪，青春期之后自己的改变，与外界环境有什么关系呢？

当然有关系。

青春期的女孩，开始散发更美好的青春气息，对情感的渴求会让很多青春女孩想要涉足两性世界之中，最重要的是，青春期的女孩正是懵懂青涩的时候，那么这就无异于把一件美好的宝物在无防护措施的情形下摆放在公众面前。有德行之人自然是以欣赏的态度去看，但你不能否认，还有一些心怀不轨之人会产生龌龊的心思，或是想要将宝物据为己有，或是产生莫名的破坏心理。

所以，进入青春期之后，女孩不只要面对自己身体的变化，同时还要对自己身体安全进行重点关注。

在认识层面，我们需要做到：

好好认识自己的身体——身体的变化包括体内和体外的

第一章
观念篇——我爱自己，我爱自己的身体

变化，很多变化都是正常的成长过程，但如果不了解，还是会对这些变化产生心理波动，越早了解，越能更理性地看待成长与改变。

好好认识青春期——其实青春期正是此时身体发生变化的最主要原因，我们需要通过科学知识来了解青春期到底是怎么回事，青春期的身体和心理的种种改变到底都是怎么引起的，这会让我们能平稳度过青春期。

在行动层面，我们需要做到：

抵制诱惑——如果说在青春期之前，只需要担心是不是"过家家"游戏玩得太过、是不是过于关注花裙子和漂亮头饰而耽误了学习，那么当青春期到来之后，你可能就需要担心更多的诱惑了，那是来自心理层面的诱惑，关于情感、关于两性、关于成长，就算是之前你的"过家家"游戏，也会因为加入对异性的向往而变得更趋于对真实的期待。你对花裙子、漂亮饰品的关注，就会变成你想要将更美丽的自己展示给更多的人看，并希望获得你心仪之人的关注。这种诱惑的到来可能会让你失去一些理智，而一旦失去理智，那么做错事的概率就会随之增加。

保护隐私——青春期身体的变化非常明显，这时候你对隐私的关注会从原本被父母或老师要求的被动，变成开始有自我意识的主动。这种主动意识是非常重要的，这会帮你避免很多麻烦。

主动防御——来自外界的保护只是一种辅助，要想让自

女孩，你要学会保护自己
身体篇

己更好地成长，我们还必须要具备主动防御的意识，将自我主动防御与外界保护结合在一起，才能最大限度地帮助我们更安全地成长起来。

在心理层面，我们需要做到：

正确看待变化——青春期对心理的改变是最值得关注的，更好地调节自己的心理状态，以适应身体在这段时间的迅速变化，让身心同步成长，这才应该是青春期的正确打开方式。

正确看待遭遇——青春期会出现各种问题，但其中也存在因果关系，很多遭遇可能并不是一种意外，我们要学会从遭遇中提取经验，不让自己被这些遭遇彻底击垮。

青春的身体不只是充满活力，也充满各种会吸引危险的特质，我们要建立起对身体的自我保护机制，就像是一种会自动开启的装置，遇到相应问题，就会开启相应的保护措施。

毕竟，健康安全的身体是我们可以做各种事情的最基本的条件，所以身体可以看作是我们挥洒青春的"工具"。让这个"工具"正常运转，不只是要开发它的功能，更需要好好保护它，不让它受到外界的破坏。

那么，你准备好学习如何保护自己的身体了吗？

好的，我们开始吧！

第一章

观念篇——我爱自己，我爱自己的身体

 认识保护身体的重要性，提升保护意识

> 某高中一位高一女生，有一天晚自习逃课，去和她所谓的"铁哥们儿"见面。这几个男生都是辍学的混混，女生和他们见面后，先是去大饭店吃好吃的，又被送了好多礼物。女生天真地以为自己正身处幸福快乐之中，结果却被对方有意灌醉了，喝醉的女孩毫无防备地被几个男生侵犯了。
>
> 因为女生一夜没有回家，家长慌了。第二天一早家长连忙找到学校，学校也开始帮忙调查寻找。老师通过多方调查和询问，才知道女生到底去了哪里、做了什么。最终得知真相的父母，对此也没法抱怨，苦水只能自己吞。
>
> 结果没过多久，女生怀孕了，可是当时犯下错误的几个男生全都不承认是自己的问题，女生的父母悲愤之下走了法律程序。最终女生的班主任和任课老师都以"工作不到位"被公开批评，而全校的女生也因为这件事而受到了一次女生自爱思想教育。

就这一件事来说，女生从一开始就"放弃"了对自己身体的掌控：逃课外出，相当于把自己的身体从安全地带毫不犹豫地带了出来；随同男生进入饭店，大吃大喝甚至于喝酒，相当于很无所谓地把自己的身体直接置于危险之中；"放心"喝醉，这就是完全把自己的身体交给了别人处理。可以说这

女孩，你要学会保护自己
身体篇

位女生的做法太过大胆，也太过愚蠢。

事实上，这就是女生对于自己身体毫无保护意识的表现，结果最终受伤害的不只是她自己，父母家人、老师学校，无一例外地都被牵连了进去。而这样缺乏自我保护意识的女孩只是个例吗？显然不是，许多女孩对自己的身体保护都不够重视。

保护自己的身体非常重要，不论是男孩女孩，健康的身体是你可以做好其他事情的前提。而特别是对女孩来说，与男孩有别的身体构造，使得女孩在身体上要操心的程度，应该比男孩更甚。

其实，从幼儿园时期开始，我们就应该接受关于身体保护方面的教育了，但是现实却并非如此。社会、学校、家庭在这方面做得还远远不够，他们似乎总觉得"孩子都应该有大人保护，其他琐事也应该都由大人来操心，孩子自己应该更专注于开发更多的潜力技能"，于是大家便都疏忽了对女孩身体保护方面的关注。

这种疏忽最终导致的结果，就是一个"零和无限的关系"，如果没有出事，那么就算当初疏忽了，或者直到现在我们依然对保护身体没有怎么关注，好像也没什么问题，我们还依旧安全健康地长大，似乎是否关注"保护身体"这件事并没有那么重要；可一旦出了事，不管是身体受到了实质性的损伤，还是因为身体的伤害连带内心也承受了重创，都将会在一个人的人生中留下难以磨灭的印记，这种痛苦可能会伴

第一章

观念篇——我爱自己，我爱自己的身体

随这个人一生，会被时不时地回忆起来，甚至变成噩梦，而且也会终生悔恨"为什么我当初没有好好保护自己"。

事实就是如此，不会有中间的可能结果。所有可能的伤害都好比达摩克利斯之剑一样悬在你头顶，如果没有好好保护自己身体的意识，没有进行过这方面的技能训练，那么要么暂时侥幸躲过种种伤害，但剑尖下面的你还没有给自己的身体穿上任何"防护"，这意味着你遭遇伤害的概率依然高居不下；要么就是"万里挑一"地不幸撞上了伤害，一剑落下穿透身体，伤痛难耐。

还是那句话，只有你自己才是自己身体的主人，如果你自己对自己的身体不上心，那么别人就算有心想帮忙，可能也收效甚微。所有女孩都要建立起"好好保护自己的身体"的意识，要发自内心地意识到：作为一个女孩，我除了要关注品行、学习、生活技能等方面的培养，更应该要把"保护自己的身体"放在第一位，健康的身体才能让我有能力去做更多的事，得体的外表才能让我更安全地去做事、更专注于事情本身，坚定保护身体的原则才能帮我拒绝种种无理的要求。

所以，给自己腾出一些时间来，关注一下关于女孩所遭遇的种种身体伤害的新闻报道，以及关于女孩应该如何保护自身的知识技能介绍，在自己还没有经历这些令人难过的事情之前，就先让自己进入一种未雨绸缪的状态。

在阅读的过程中，也要花心思好好记一记、想一想，结

女孩，你要学会保护自己
身体篇

合自己的实际情况，选择更有针对性和更有帮助的方法来帮助自己穿好身体的"防护服"，让自己不论在什么时候，都能最大概率地维护自己的身体安全，让自己能在好好保护自身的前提下实现更多的梦想，享受更平安快乐的人生。

第一章

观念篇——我爱自己，我爱自己的身体

 掌握保护身体的各种方法与技巧

> 有个10岁的小女孩，周围邻居发现她经常跑到小区的一间便利店里去买零食，有时候也会抱出来一堆玩具、饰品。
>
> 最开始，大家都并不在意这小女孩的举动，但是时间长了大家就有些奇怪了，因为小女孩每次拿出来的东西都很多，算起来要花的钱也是不少的。可是小女孩的家境大家也都清楚，家里的经济情况并不好，父亲生意失败欠了大笔的债务，全家上下只能靠母亲微薄的工资来维持，家境甚至说是极其困难的。而小女孩这样的消费方式，真是与家里的情况极为不相符。
>
> 直到有一天，有人发现了小女孩为什么每次都能买很多东西的秘密，原来这些东西并不是她花钱买的，而是便利店的老板免费送的，这个"送"的交换代价，是小女孩要脱了衣服任由他随便摸。

十来岁的女孩，用这样的方式来换取自己喜欢的东西，她是在进行"交易"，并且完全放弃了对自己身体的保护权，自己的身体被怎样对待已经无所谓了，她只看到了自己到底能拿到什么。这是比较悲哀的，小女孩完全没有意识到这样做让自己失去了什么。

针对这一件事来说，你能想到的小女孩保护自己身体的

女孩，你要学会保护自己
身体篇

方法与技巧都有什么呢？有人可能会说，小女孩应该大叫、应该反抗，但是零食、饰品、玩具的诱惑，小女孩并没有拒绝，她并不想去大叫反抗。还有人可能会说，小女孩应该去告诉家人，或者向外人求助，可是父亲欠债焦头烂额，母亲养家也无暇顾及，外人大多事不关己，只是品评观望而已。

遇到侵犯，很多女孩想到的应对方法就是这样的两种，要么自我激烈反抗，要么直接向外求助。虽然不能说这些方法完全无效，但是如果只是能想到这样两种简单的方法，并不足以帮助我们更好地保护好自身。

所以，在保护身体这件事上，不能只是浮于表面地去"猜"自己可以怎么做，我们应该把这件事看得更深刻一些，思考得更全面一些，选择更合适的方法和技巧来为自己穿起保护身体的"铠甲"。

关于保护身体的方法有很多，在接下来的内容中，我们会根据不同情况来分析具体的操作方法，先从以下几个层面来看看都可以怎样寻找合适的方法和技巧吧！

第一，基础知识层面。

毫不夸张地说，知识是构建一切技能的基础。你只有了解到你的身体构成、身体条件、身体需求，才能在有需要的时候给予身体最合适的保护。

所以，对于自己的身体，我们要好好去学习。不论是父母的提醒或传授，还是学校里安排的相关课程，都要认真对待，用一种科学的态度去探索。

第一章
观念篇——我爱自己，我爱自己的身体

可能有的女孩对事关身体的知识会感到难为情，甚至于连身体某些部位，比如隐私部位的正常名称都不敢说出来。这也是很多女孩到了青春期之后，对于自己身体的种种变化心生"羞耻""自卑"之类情绪的主要原因。

这种心理可能与家庭氛围有关，比如有些父母自己都羞于提及这方面的内容，那么他们在日常生活中就会给孩子形成一种"提到这些内容是不好的"感觉。一旦刻板印象形成，孩子自己也会"沿袭"父母的意识。

我们需要重新建立起关于身体知识的观念，生理知识与心理知识、数理化知识、天文地理知识等都是知识，就像1和2都是数字，你是怎么认识的1，也可以怎么认识2。

与身体有关的知识，就是一种科学的知识内容，只要以平常心，认真严肃地对待，你就能像学习所有其他知识一样，抓住其中的重点，这些知识都是帮助你在日后进行自我保护的重要基础。

第二，思想情感层面。

一件事物，你喜欢它，自然会对它更上心一些；你珍惜它，自然也会尽一切可能护它周全。你自己的身体也是如此，有些女孩对自己的身体产生了错误的"关注"，身体是不是安全、健康，这些都无所谓，但身体是不是漂亮、苗条，这才是她格外关注的问题。正因为很多女孩关注的是后一种问题，所以她们肆无忌惮地对自己的身体进行"改造"，或是涂抹，或是动刀，或是饥饿。比如不断整容，导致皮肤脆

女孩，你要学会保护自己
身体篇

弱，某些部位的骨骼也发生变形；频繁打胎或者卖卵子，身体遭受重创以致不孕不育甚至更糟的状况；大量服用所谓的"减肥药"，以至于泌尿系统出问题，严重的只能终身穿尿不湿；等等。

关心自己的安全、健康会获得正向的回报。你珍惜自己的身体，对它有呵护之情，那么它也会用健康、结实、机能正常来回应你，让你的生命充满活力，让你的生活更为丰富，让你能有更多的精力去享受快乐。

所以，从思想层面来说，我们要对自己的身体带有一种敬畏感，对其有一种爱惜的情感，你在"使用"身体的时候，就会更有分寸，就不会任意折腾，也会牢牢抓住主动权。

第三，具体操作层面。

方法、技巧都是具体操作出来的，就是你到底应该怎么保护自己的身体，要有实际行动，而不是只会纸上谈兵，也不是只能在头脑中过PPT或者小电影。保护自己的身体这件事，应该在生活中付诸行动。

这些方法和技巧的来源多种多样，比如妈妈可能会教你很多在生理期应该注意到的事项，这些事项会帮你建立一定程度的保护；书本上可能会介绍一些锻炼身体或者平衡身体营养的方法，让你能够更好地调养身体；一些老师或者有针对性的讲座，也会给你一些示范，比如怎么防骚扰，怎么与坏人斗智斗勇；等等。

这些内容的一个共同点就是实操，你要真的实际去操作，在生活中养成良好的保护身体的习惯，进行相应的安全演练，来为自己的身体穿上"铠甲"。

另外，一些补救措施也要好好学一学：受伤了怎么办，被欺负了怎么办，涉及身体内部的变化如何正确认识。遇到问题后不能只会哭，还要学会如何让自己的身体最大限度地恢复。简单来说就是，如果之前你没有好好保护身体，那么亡羊补牢有时候也不晚，在此后让它逐渐进入安全圈就好了。

女孩，你要学会保护自己

身体篇

任何时候都要懂得自爱，言语行为不轻浮

网上有人提问：那些在学校里举止不良的女生，后来都怎样了？有人举了这样一个例子：

上高中时，班里就有一位女生，也许是因为父母离婚，她又寄住在亲戚家里，所以有些放任自我。每天来上学也不学习，就是化妆打扮自己，私底下还抽烟喝酒。没事就喜欢和班里的坏小子们打闹，还经常和他们开低俗玩笑。男生们对她也毫不怜惜，总是动手动脚，她也不生气，任由对方想怎么来就怎么来。她的一个男同桌就曾经在班里炫耀说，自己经常把手伸进那女生的衣服里。对于男生的动手动脚，她要么是无所谓的表情，要么是笑嘻嘻的样子。

后来到了高二，这个女生很快就陷入了一轮又一轮的恋情之中，不断地交各种"男朋友"然后分手，有时候还和社会人士来往。

到了高中毕业，这个女生连毕业证都没拿到，据说混迹于社会，到底如何也无从得知，至少班里没有人记得她，甚至都不愿意提起她，哪怕是那些当年和她打闹的人。

在中国传统女训中占有重要地位的《女论语》中，开篇"立身章"便提到："凡为女子，先学立身。立身之法，惟务清贞。清则身洁，贞则身荣。行莫回头，语莫掀唇。坐莫动膝，立莫摇裙。喜莫大笑，怒莫高声……男非眷属，莫与通名。女非善淑，莫与相亲。立身端正，方可为人。"

明代吕近溪先生的《女小儿语》中也提到："笑休高声，说要低语……偷眼瞧人，偷声低唱，又惹是非，又不贵相。古分内外，礼别男女，不避嫌疑，招人言语。"

这些内容都是对女子立身的训诫，看其中提到的种种要求，事关行、语、坐、立、笑、说以及男女相处，无一不是在提醒女孩们，身为女子，言行举止都应该遵守礼仪，不论何时都应该对自己有严格的要求，或者说是要自重自爱。

古代这些对女子的要求看上去相当严苛，不过我们先不去过多讨论其中是否涉及了现代人理解的"守旧"观念，我们只要明白，正是这些合乎礼节教养的要求，才使得当时的女孩们不至于受到外界的侵扰，反而有更多的女孩可以安心习礼，安心做自己想做的事情。所以古时候形容好的女子总有一个词，即"窈窕淑女（美心为窈，美状为窕，即心灵仪表兼美）"，这正是她们对自己言行有所注意的结果。

这样的女子往往都会有更大的建树与更好的发展，其所结交、见到的人就会是同等高层次的人，自然也就不会与那些低俗的人有太多关联。

你也许会说古人讲求"门当户对"，有建树的人背后，势必会有大气稳重、懂礼知礼的女子作为后盾，而女子是否有德（当然，男子也一样要有德），也决定了一个家族是否能够发展延续。所以，真正历史中的古人，夫妻之间会"相敬

女孩,你要学会保护自己
身体篇

如宾",彼此之间的能力才德是对等的,这也是两性关系发展真正好的表现。

但看看今天的有些女孩,忽视了"爽朗外向"与"放荡不羁"之间的区别,只一心想要展露自我,却不知言行举止上应有的界限,结果就因为自己轻浮的言行举止而给某些人以错误的信息,反倒给自己招来祸事。

所以,我们才要说,身为女孩,任何时候都要懂得自爱,都要保证自己有得体的言行表现。有人可能会说了,任何时候,这岂不是太难了?就算和自己家人也要"端着"吗?

产生这样的疑问,就意味着你并没有真正理解什么是言行得体。得体的言行并不是"在需要的时候才要表现出来",它理应是一种"习惯",所以,并不是要求你时时刻刻都去"端"出样子来,而是要你"习惯成自然",不论何时何地都表现得大方端庄。

这里的"任何时候",是要求我们养成言行得体的习惯,以至于不论什么时候、遇到什么事、面对什么人,我们的良好的言行举止都能自然流露,哪怕是一个小细节,一个不经意间的动作,都会让人意识到你拥有良好的教养。

那么,什么是不轻浮的言行呢?

所谓轻浮,意思就是言行随便,不严肃不庄重,轻佻浮夸。

比如说话,有的女孩口中满是脏字,说出来的话没有内涵,言语间充满尖酸刻薄,充满讥讽嘲笑,和男生说话的时

第一章
观念篇——我爱自己，我爱自己的身体

候可能又会使用挑逗性的语言，或者"过嘴瘾调侃戏谑"，动不动就骂人、损人，言语间满是不客气。

还比如行为，有的女孩坐着的时候大张着双腿，或者跷着二郎腿脚尖对着别人；站着的时候又站不直，身体拐出几道弯；走路摇摇摆摆，搔首弄姿；和人交谈的时候动手动脚，与人勾肩搭背，坐在别人身上，甚至于靠进他人怀里；有的女孩把抽烟、喝酒、泡吧、爆粗口、有情感经验等都列为"酷"的标准，并颇为推崇；怀孕、打胎，在有的女孩看来都不是大事，随随便便就能处理……

这些表现全都跳脱在了礼节教养之外，给人一种"想怎么说就怎么说，想怎么做就怎么做"的感觉，这些言行给人的实际观感相当差劲。懂礼的人会对不懂礼的人敬而远之，如果你有这样的言行举动，那么真正的益友，真正有教养的人大多是不愿意接近你的，而你这样的言行只会"吸引"那些不怀好意或者对你有误解的人。

如果你想做一个开朗洒脱的人，那就去了解什么样的表现才是真正的开朗洒脱。

开朗，指的是人的性格豁达、乐观；洒脱，则是指人潇洒自然。如此来看，没有一点是和前面提到的那些言行有关系的。不要用错误的言行来定义正向的标签，我们应该去好好学习了解正向的言行表现，并去养成好习惯，这样才能实现我们心中所真正追求的东西。

所以，归根结底来说，要懂得自爱，就是控制好自己

的言行,学习正向的言行表达方式,纠正偏差错误,将礼贯穿于言行之中,时刻谨记守礼、不放纵,越早开始习惯的培养,就能越早建立起一个由教养构成的防护隔栏,不逾矩,自然也就不会受到伤害。

第一章

观念篇——我爱自己，我爱自己的身体

 学会拒绝，做自己身体的保护者

有一位女士曾经讲到过这样一件真实发生在自己身上的事：

我上初中的时候，学校离家比较近。有一年冬天，一天下午学校因为活动提前放了学，我回去得比较早。因为我家住在比较老的六层楼里，没有电梯，只能爬楼。我家住在三楼，我一路走到二楼的楼梯拐角位置，一个男人刚好从上往下走，和我打了个照面。

就在错身的一瞬间，我被一股巨大的力量推在了墙上。一个男人一只手抓着我的胳膊，另一只手按在了我的脖子上。他当时说了什么，我已经完全不记得了，只知道当时我的大脑一片空白。他的手越攥越紧，即便是穿着厚厚的棉服，我也感觉到了疼痛。但是我却什么都说不出来，战战兢兢，任由他在我的胳膊和脖子上抓着，毫不反抗。

后来不知道什么原因，他还是松开了我跑走了。我慌张地跑回家里，坐在客厅沙发上大哭。但细细想来，那男人还没有当时的我高，看上去也瘦瘦的，可我却压根没有保护自己身体的意识，一句"放开我"都没说出口，就连身体扭动挣扎以逃脱他钳制的意思也没有。

当时幸亏他跑走了，不然我这种不知反抗、任由宰割的状态，真不知道会经历怎样糟糕的事情。

女孩，你要学会保护自己

身体篇

发生在这位女士身上的事情，可能并不是个例。当然这话的意思，并不是代表有很多女孩都会经历被人钳制、威胁之类的事情，只是在强调，可能很多女孩都会像这位女士一样，在很多事面前，不知道怎么拒绝，不懂怎么"下意识"地去进行自我保护，只能呆呆地接受事实，毫无反抗地经历种种恐惧、难过、惊吓、困扰。

我们反复地强调，你才是自己身体的直属操控者，你才是自己身体的主人，如果你自己都不知道要去好好保护自己，不知道拒绝那些可能会对身体带来伤害的举动，别人恐怕没法给你更多的帮助。而且你这种毫无反抗的样子，恐怕还会给不怀好意的人以更多想入非非的想法，并给他们提供更多可能动手的机会。

不过话又说回来，看看前面那位女士的经历，她之所以有当时的状态，是因为突然的袭击对她来说是一种打击，让她一瞬间完全没有了任何想法，大脑一片空白，这才使得她没法做出判断，也就更加没法进行反抗了。

这种状态对于一般女孩来说，可能也算是正常反应。面对突如其来的一件事，会使人有一瞬间的呆滞，不知道做什么、怎么做。但也就是这一瞬间的空白，却可能会发生很多令人意想不到的事情。

也就是说，我们若想要真正学会自我保护，就要锻炼自己在遇到事情时可以产生"下意识的反应"。就像走路时地上有水或其他小障碍，我们估计想都不会想地就直接跳过去，

第一章

观念篇——我爱自己，我爱自己的身体

这就是一种下意识的反应，也可以看成是一种"主动拒绝妨碍"的自我保护。

这种反应可能在日积月累中形成习惯，也可能在耳提面命中形成意识，这就在提醒我们：

第一，日常的那些安全演练是有必要的。不论多小、多简单的演练，都要以一种认真的态度去对待，并且要练习到位，不能偷懒，不能敷衍，直至身体形成一种自然的肌肉记忆。危险到来时，哪怕大脑已经空白了，可是你的身体已经记住了应该怎么做，它自己就会动起来，也许就会带你奔向安全通道。

第二，不论是来自父母、老师，还是来自自学，任何关于安全的提醒、要求，我们都不能当耳旁风放过去，这些知识内容看得多了、听得多了，会在你头脑中形成印记，你越是认真听，这种印记就越深刻。当你真的遇到安全问题时，这种印记就会像你所看的魔幻动画片里的主人公一样，自动在你头脑中闪光，然后"刺激"你跟随指令做出反应，以帮助自己最快速地逃离或应对危险。

那么，身体在下意识的状态下做出反应就足够了吗？并不是的，你有反应只能证明你有自我保护的意识，可如果你选择的方法不当，你的拒绝可能会变为对对方的刺激，你反而会受到更严重的伤害或骚扰。

当遭遇令你感到不愉快或者危险的对待时，你的拒绝应该是坚定的，就是不要给对方留下"哦，这拒绝模模糊糊，

女孩，你要学会保护自己
身体篇

还可以更深一步"的印象。比如有的女孩可能因为害怕就小声说一句"求你别这样""放开我""我不喜欢"之类的话，这种话说出来很无力，而且更显得软弱可欺。有些心理不正常的人，面对女孩这样的态度反而会变本加厉干坏事。

所以，我们应该学会坚定地拒绝，明了直白地说出来"不要这样"之类的表达，如果周围环境允许，你可以更大声一些，吸引人过来会提高你逃脱的可能性；但如果周围环境不允许，你不需要太大声，但你却可以态度强硬而坚定，"不要碰我"，落地有声，言语清晰。有时候这种坚定的态度对于那些本就心虚的想要使坏的人，也是一种震慑，对方会认为"这个女孩不那么好惹"。

在坚定表达的同时，你也可以根据情况加入一些表达拒绝的行为，比如在不伤及自己的前提下，摆出防御的姿势，护住关键部位；如果手中有其他东西，也可以利用起来，比如书包可以起到护住身体的作用，硬质地的水壶或水杯可以作为投掷物，随身携带的尺子、钢笔、圆规、剪刀等文具也可以派上用场。当然，如果你为自己准备了防狼喷雾或防狼报警器之类的东西，在这种情况下可能会更好用一些。要注意的是，你的这些行动一定要在可以暂时护得自己安全，或者周围环境允许的情况下进行，否则就退一步，先保住性命要紧。

无论遇到怎样的侵扰，你一定要坚守本心，对于凡是冒犯到你身体的种种言行举动，你都要表示出拒绝来，向侵扰

观念篇——我爱自己,我爱自己的身体

你的人展示你的态度,让他们都明白,"这是一个不能随意玩笑、不容侵犯的女孩,是一个有原则、并不好随意招惹的人"。当你为自己"建立"起这样一种形象时,你的学习和生活环境相对来说就会安全许多。

女孩，你要学会保护自己
身体篇

在言语上不贬损自己和他人的身体

2017年年初，《武汉晚报》曾经采访过一位退休教师，他讲了这样一件事：

这位老师班里曾经有一位学生，头发发质不太好，时常呈现干枯、卷曲的状态，显得他的样子有些滑稽。班里好事的学生没事就嘲笑他，还给他起了一个侮辱性的绰号，从那以后，每天这群好事者都以喊侮辱性绰号为乐，戏弄那位学生。

原本大家都以为这不过就是同学之间无聊的玩闹取乐，却不曾想，有一天那名学生因为长期听到这些侮辱性的内容受到了刺激，一时冲动之下，拎起一个凳子砸向了嘲笑他的同学，将他砸成了重度脑震荡。而这位被欺负了许久的学生，因为这一次的冲动而被公安机关拘留。

最终，被欺凌的学生不得不转学，但他对校园和学习都已经产生了严重的抗拒心理，初中毕业后就再也不去上学了。而那个被砸的学生，也因为重度脑震荡而留下了终身后遗症。

语言是有力量的，已经出口的话语永远都收不回来，这也就意味着语言所造成的内心伤害难以弥合。很多人的内心，可能都会有那么一两句怎么也抹不去的话，而且从心理

第一章
观念篇——我爱自己，我爱自己的身体

学上来讲，人们对于不好的事情的记忆，要远比对好的事情的记忆深刻得多，所以那些印象中的难听的话，很可能会跟随我们一辈子。

也许有些人认为，自己不过就是想要过个嘴瘾，又没有真心想要伤害人，但是不要忽略话语的力量。更何况，对人身体缺陷的攻击更让人感到难过，不然前面那个学生也不会因为头发被嘲笑，就抡起凳子把人砸成重度脑震荡了，也不会只因为这个问题就不再想回学校甚至于不想读书了。

所以，不要任由言语肆意攻击他人的身体，他人的样子不是任你随意嘲笑的借口，众生都是平等的，没有谁比谁更高贵，尤其只是因为你长得比对方更贴近普通而已。

从道德层面来说，以言语攻击他人身体上的缺陷或不够美观是不妥当的。那么，作为自己身体的主人，我们可以自己"攻击"自己的身体吗？答案依然是，不能。

如果连我们都不喜欢自己的身体，都用一种自暴自弃的态度去面对自己的身体，甚至于过度自嘲自己的身体，那么外人就更没有理由珍惜我们了。想要获得他人的尊重，需要先自重。

所以，我们既要对自己的话语负责，同时也要培养最起码的自尊自爱之心。

当与外人相处的时候，要有包容的心态，多看到他人的闪光点，少去关注对方外表的不足，世上本就没有完美的人，只不过都是"关上这扇门，开了那扇窗"。每个人都有不

女孩，你要学会保护自己
身体篇

同的缺点和优点，谁都没有资格去用语言来攻击他人。

我们应该培养自己具备最起码的礼貌，学会以平和的态度来与人相处，关注相处时发现的对方的闪光点，而不只在意对方的外表到底如何。

如果遇到群体性的对某一个人身体上的语言攻击，若是你有能力以理服人，阻止这类攻击，那么你可以尽己所能；但如果你本就办不到这样的事，那么应该先让自己与这些"出言不逊"的人隔离开，不参与其中；如果那群人变本加厉，你也可以联合受欺负的同学一起，去向更有力量的人求助，比如老师，比如父母。

当面对自我的时候，你也要有一个客观的认知。

日本电视台曾经做过一个实验，随机邀请四位女性，参加一个"50日变美计划"。节目组为这四位女性安排了与之前完全不同的工作与生活环境，想看看不减肥也不整容，只是经历这50天的不同环境的改变，是否会对这四位女性的外貌产生影响。

这实验的本意，原是想证明环境会对人的外貌产生影响，但节目组意外发现，语言对于颜值的影响也是毋庸置疑的。比如，其中一名21岁的女子在节目组的安排下跟着意大利外教学习语言，外教老师每天都很真心地寻找她的闪光点来夸奖她，50天之后，这个原本因为长相而自卑并受到同学取笑的女孩开始尝试改变自己，不仅变瘦变美了，整个人也变得自信起来。

第一章
观念篇——我爱自己，我爱自己的身体

旁人对于你的夸奖与肯定，会让你心情愉悦，并愿意对身体做出改变。其实如果是你自己对自己的身体进行夸奖与肯定，也可以产生同样的效果，因为语言的确会左右你的情绪。

也就是说，你要先爱自己的身体，不论它有着怎样的不足，它都是属于你的，如果你爱它，它就会在你这份爱的心情下，逐渐变得越来越好。自信真的是美丽的代名词。

 女孩，你要学会保护自己
身体篇

不要陷入所谓"友谊"的陷阱

2016年8月的一天下午，初一女生红红找到了自己的朋友婷婷。红红告诉婷婷自己喜欢上了一个成年男人黄某，但是黄某并不喜欢自己，所以红红希望婷婷能够和自己一起去找黄某，并在旁边帮自己说说好话，以实现让自己成为黄某女朋友的目的。

在此之前，婷婷也见过黄某，也跟着红红去过黄某家，所以婷婷觉得这次去也没什么问题。而且红红还说作为回报会在日后的功课上给婷婷更多的帮助，婷婷便痛快地答应了。

两人到了黄某家之后，红红却突然出去了，之后手机也关了机。而黄某则趁此机会告知婷婷，红红不会回来了，手机也不会在这段时间开机，婷婷一听不对劲就想要回家，但却被黄某拦阻了。紧接着，黄某开始恐吓并殴打婷婷，并强行与她发生了关系。

之后，黄某威胁婷婷不许报警，因为红红已经告诉他婷婷家的地址以及学校的地址，如果报警，他就会报复婷婷和家人。婷婷并没有听从黄某的话，回家之后便向母亲哭诉了这件事，并在家人的协助下报了警。

经法院查明，事情大致经过如下：黄某对红红提出，如果红红将婷婷带至他住处，并提供两人单独相处的机会，黄

> 某就答应和红红发展男女朋友关系。而婷婷是基于对朋友的信任而前往的黄某家。
>
> 最终，黄某被判处五年零六个月的有期徒刑。

"我们是好朋友嘛，也不是欺负你啊，就是喜欢你才和你开玩笑的。"

"我们关系这么好，咱们谁跟谁啊，就是带你去见新朋友，也没别的什么事。"

"你跟我是不是好朋友？是的话就和我一起去骂她。"

"我们不是朋友吗？朋友之间抱一下多正常。"

"你要是不去，就是不给我这个朋友面子，我的兄弟们可也都把你当哥们儿看。"

……

类似这样的话在女生之间或者男女生之间都很常见，看似是在表现"友谊"，可实际上这种"友谊"却很伤人，要么是你被害得遍体鳞伤；要么是你被拉着变成帮凶，还可能承受内心的煎熬。案例中的婷婷，显然就是被红红这个所谓的朋友带进了陷阱之中。这所谓的友谊，不过就是满足红红一己私欲的工具罢了。

不仅是女生之间，有些不怀好意的男生也打着和女生"单纯交朋友"的名义，行欺骗之事，单纯的女孩以为只是和"朋友"一起度过愉快的时光，却不想会经历噩梦。

关于友谊，不同的人有不同的理解，很多单纯的女孩

对友谊的理解也很简单,就是"我和你关系好,彼此无话不谈,我们在一起可以做很多事"。有的女孩对朋友会毫无原则地全身心付出,对待朋友有时候比对待自己还好;也有的女孩没有主见,朋友说什么就是什么,一直被人牵着鼻子走;还有的女孩对朋友有强烈的占有欲,对友谊有错误的认知,不能正确地表达朋友之情。

其实这些都是"友谊"的陷阱,当你没有真正认识友谊或者不能正常看待友谊的时候,你很容易对友谊产生错误的理解,而且这层关系会变成束缚你甚至压迫你的枷锁。

所以,我们要重新来认识"友谊"。什么是友谊?友谊是人们在交往活动中产生的一种特殊情感,是一种来自双向关系或交互关系的情感,即双方共同凝结的情感,必须共同维系,任何单方面的示好或背离,都不能称为友谊。

那么,根据这样的标准,我们就可以来评判自己周围的朋友关系了。

首先,理智看待交朋友这个问题。

有的女孩害羞、胆小,迫切想要交到朋友,生怕自己会被孤立,于是根本不加选择地交友;有的女孩自信地认为自己外向开朗,于是广交朋友,就成了"来者不拒"。

显然,这种无差别收获友谊的做法最容易遭遇"友谊陷阱"。交朋友并不是多多益善,如果对方与你在基本观点上就不合,那么你也完全没必要硬去和这样的人发展亲密友谊。

其次，给自己设定一个不可触碰的底线。

通俗来说，朋友关系也分亲密或平淡，但是不论是怎样的关系，都要有一个底线，当你设定好合适的底线之后，你在友谊发展过程中就相当于给自己设置了一道屏障，一旦有人触碰这个屏障，那么你可以直接拉响友谊发展的警报铃。

比如，你给友谊关系设定了"不能做违背德行的事"这个底线。那么，如果你的朋友拉你去"集体欺负人"，这显然就违背了这个底线；如果你的朋友说"我们抽烟喝酒"，这也突破了这个底线。这时你就要提高警惕，这段"友谊"对你来说可能就需要认真考虑一下了。

最后，警惕以友谊为名的种种不妥当行为。

"我们都是朋友了，做点什么无所谓的"，这种想法都是对友谊的绑架，如果有人每次要你做什么事或对你做什么事之前，总是用类似这样的表达来试图说服你，那么你就要警惕起来，因为友谊并不是拿来左右任何事的筹码。

真正的友谊是一种"互惠互利但又互助共进"的关系，基础是彼此三观相合，有共同的道德标准，你们在对待很多事的态度上有相似的基本原则，这样的友谊才会有良性发展。

所以，当有人总是拿"友谊"说事的时候，我们要看看他到底想要我们做什么，一旦他的言行突破了前面我们给自己设定的底线，那么这段友谊的真实性就要重新考虑了。越早警醒过来，越能更大概率地帮助我们躲开可能的错误或可能的伤害。

女孩，你要学会保护自己
身体篇

珍爱自己的身体，善待自己的身体

浙江省宁波市一名高中女生小欣，刚上高中不久就突然嚷嚷着说要追求"骨感美"，并开始通过节食来减肥。

每天小欣都控制自己只吃一点点食物，还偷偷地吃减肥药。没到半年，身高1.7米的她，体重迅速减到了70多斤，看上去就和纸片人一样。暴瘦的身材终于让家人担忧不已，因为除了瘦，小欣的身体状况也变得越来越差，尽管父母每天变花样做各种饭菜，可是她却怎么都吃不进去，脸色越来越差不说，时不时还会出现恶心、乏力的情况。

后来父母带着小欣去了医院，经诊断发现，她已经身患严重的脂肪肝，原因就是长期营养不良、没有摄入必要的蛋白质所致。医生表示，肝脏的正常运转必须要依靠人体每日摄入的蛋白质，理论上来看，10天无摄入蛋白质身体就会受影响，半个月以上不摄入就可能会导致肝脏功能下降。小欣这样持续半年的过度节食以及不正规地摄入减肥药，结果就导致平时摄入的碳水化合物难以被代谢，从而导致营养不良性的脂肪肝。

好在经过治疗，小欣的病情得到了控制，在医生和父母的再三沟通引导下，小欣也对自己的身体有了全新的认知，放弃了盲目追求所谓的"骨感美"。

第一章

观念篇——我爱自己，我爱自己的身体

每个人都拥有一个独一无二的身体，有的人会对自己的身体很满意，有的人却总是自己给自己挑刺；有的人把自己的身体看成易碎的宝物，小心翼翼地保养，有的人却总是想要在身上动刀穿洞、使用各种化学制剂来"制造"出一种完美状态。

诚然，想要展现出最美的自己，这几乎是每个女孩都想要做的事情，尽管我们应该也都能深刻理解"外在美并不代表一切，重要的还是内在美"这样的道理，可是希望自己关美的这样的想法，也还算是一种很正常的心态。

只不过，我们需要校正一下自己对"美"的理解，自然美才是真的美，青春状态就是最大的美，我们理应好好珍惜。

要获得这样的美，我们可以从这些方面来入手。

第一，健康。

前面案例中的小欣，选择了放弃自己的健康来实现自认为的美丽。然而如果美丽是以健康为代价的，那么我们的付出和回报可就完全不成正比了。没有了健康，身体永远都不可能表现出美丽来。

所以我们追求美丽的前提，一定是保证自己身体的健康，选择合适的饮食，摄入充足的水分与营养，进行适当的锻炼，选择适合自己使用的身体清洁和护理产品，并养成及时清洁身体和护理身体的习惯，搭配符合自己年龄、身份特点的衣饰，保证自己的身心健康。

女孩，你要学会保护自己
身体篇

第二，饮食。

尊重父母在饭食准备过程中的辛苦，也尊重学校食堂厨师的辛劳，不要挑挑拣拣，不爱吃了就不吃。如果感觉到身体不舒服，可以提前告知父母或老师，以适当调整伙食来调理身体，但绝对不要任性地说不吃就不吃，说不好好吃就不好好吃。

每天要多吃粗粮、蔬菜和水果，实现营养均衡。只有摄入足量的营养，比如足量蛋白质、维生素，再加上规律的饮食习惯，我们才能从吃上帮助自己维护身体的健康。

关于饮食习惯这里还要再提一下，对于正在成长发育中的身体，一日三餐应该得到保证，不要饥一顿饱一顿或者吃饭时间不规律。平日里要拒绝垃圾食品，吃零食的话，可以选一些坚果、水果或者自制的健康小零食。但不论什么零食，都不能替代正餐。

第三，睡眠。

对于青少年来说，睡眠是保证身体得以正常成长发育的重要因素，如果青少年时期睡眠不足，那么身体发育可能就会受到影响。

我们要对自己日常的时间进行合理的安排，一定要给自己留下充足的睡眠时间。但是这个充足的睡眠也不仅仅是指你睡了多久，比如有的女孩认为，"只要我每天睡够八九个小时就可以了"，于是她可能半夜甚至凌晨才睡，然后第二天日上三竿甚至中午才起,这种情况在假期尤为多见。这是不正确的。

我们要给自己制定一个作息时间表,什么时候学习、什么时候休息,都要合理安排,越是假期,这种时间表越是有必要,能帮助我们养成好习惯,同时保证身体的健康。

第四,锻炼。

青少年时期的锻炼可以分为校内锻炼和校外锻炼,校内锻炼一般是体育课、课间活动的时候身体要进行的锻炼,而校外锻炼则全看我们自己的需求。

很多女孩对于锻炼身体这件事并不那么看重,所以跑跳无力、做操敷衍,能请假的时候就请假,宁愿多做题也不肯去运动。身体只有运动起来,才能促进血液循环,促进身体代谢,身体才能时刻保持活力。女孩想要的青春活力,其实很大一部分是从锻炼中来的。不论是何种锻炼方式,只要长期坚持,都能起到强身健体的功效。

这里要注意的是,不论何种锻炼,都要符合身体的能力,不要逞强去做自己做不到的事情,也不要因为好奇就过早尝试危险运动,健康的前提一定是安全。

第五,身材。

保持苗条且具有曲线美的身材,是很多女孩毕生的梦想。前面案例中的小欣,也正是一个好身材的追求者。对好身材的渴望,在肥胖女孩身上尤为多见,其次就是个子矮的

女孩。

我们需要杜绝的正是小欣所做的事情,不要盲目减肥,也不要盲目吃减肥药,如果是个子矮的女孩,也不要盲目去吃所谓的增高药。

我们要尊重自己身体的成长发育规律,合理饮食以控制体重,科学锻炼以保证身体各项机能平衡。如果你认真地做了这些事,发现你的身材还是偏胖、偏矮,那么你也不需要灰心丧气,更不能盲目节食或加大训练量,找庸医、找网络偏方就更不靠谱了,这可能意味着,你的身体就是有这样的基因,就是会偏胖,就是不会太高。这时倒不如顺其自然,接纳自己的身体,你也就不会觉得它那么令你不喜了。

第六,服饰。

好看的衣服与饰品,也是女孩生活中必不可少的东西。但是从青春靓丽的角度来说,越是自然大方的,才越显得出你青春的美来。前面也说到了,青春本就是你最大的资本,任何额外的繁杂装饰,都只能给你减分而并不会给你加分。

所以,我们要理智接纳家中的经济状况,不攀比,不虚荣,用简单、清爽、大方的服饰装扮自己。

第七,卫生。

女孩因为身体构造的原因,在卫生方面要更加注意,及时的清洁才会保持健康。所以,勤洗澡、勤洗头,正确清理下身,正确洗脸洗脚,这些都是我们要注意的卫生问题。

另外，内衣裤一定要经常更换，外衣裤也要根据其清洁程度及时换洗。卫生用品的选择也要谨慎，不论是洗脸、洗澡、洗头的用品，还是卫生纸、卫生巾以及纸巾的使用，都可以询问一下妈妈，选择适合自己当下年龄特点的产品。时刻保持清爽干净，也是维系身体健康的基本要素。

第二章
Chapter 2

知识篇——青春期的知识，容不得忽视

对于青少年来说，在关于身体的内容中，青春期的知识是最重要的一部分。因为这时候身体的很多变化都与青春期有紧密的联系，不只是身体的变化，心理上因为身体变化而带来的种种反应，也不容忽视。所以，女孩要更好地保护身体、照顾身体，就要重视青春期的各种知识，做到心中有数，才能理智应对青春期的种种问题。

第二章

知识篇——青春期的知识，容不得忽视

认识女孩青春期的体貌特征

13岁的女孩晓琳原本一直有些微胖，不过她性格开朗乐观，生活也算平静。但是自从进入青春期之后，妈妈发现晓琳与之前不一样了。

原来青春期导致晓琳的身体发育，女性的第二性征越发明显，本来有些微胖的身材也因为饮食上没有节制而变得越发圆润，不论走路跑跳，她的胸部都会发颤。所以，一到上体育课，班里那些无聊又"毒舌"的男生就会打趣和嘲笑晓琳，晓琳便非常讨厌上体育课，经常以各种借口请假，年轻的男体育老师也不好意思拒绝她的要求。

晓琳也渐渐变得不苟言笑，说话能说一个字绝对不说两个，除了上学、上兴趣班不得不外出，其他时间里，她都会把自己关在房间里。就算是外出，她也含胸驼背低着头走路，远看就好像个小老太太。

妈妈做了些安慰劝说，但都不管用，后来妈妈无奈之下带着晓琳去了医院，这才发现原本阳光的女儿竟然因为青春期的到来而有了自卑抑郁的倾向。

一位作家曾说："人类最古老而强烈的情感便是恐惧，最古老而强烈的恐惧，则源自未知。"正因为不知道，所以会引发人们的无限想象，而且这种想象多半都不是往好的方向，

女孩,你要学会保护自己
身体篇

所以人们才会心生恐惧。

其实从另一种角度来看,女孩对于青春期自己身体的变化也会有一种恐惧感,如果不了解详情,就肯定会像晓琳这样,对自己身体的改变产生焦虑、担忧,而且这种焦虑、担忧会随着时间流逝越来越严重。

想要解决这个问题,最简单直接的方法,就是告诉女孩,随着青春期的到来,她的身体到底会发生怎样的变化,青春期的体貌特征到底怎样是正常的。

13岁到23岁,是青少年的青春发育期,这一阶段身体的迅速变化是由激素分泌量的快速增加造成的。在这一阶段里,青少年的身体在加速成长,并逐渐出现性成熟。

从身体成长方面来看,女孩的身高会快速增长,这是青春发育期身体外形变化最为明显的特征,一般来说,在青春发育期间,我们平均每年会长高6~8厘米,有的长得快的人,甚至会达到10~12厘米。同时,身体也会出现体重增加的现象,青春发育期时,一般青少年的体重年平均增长量会达到4.5~5.5千克。体重反映的是肌肉、骨骼的增长以及内脏器官的增大等,所以体重也是身体发育的一个重要标志。

了解到这两点,我们也就对自己此时"变高大""变胖"有一个重新认识。因为有些女孩受到一些影视剧或者小说的影响,会把"小鸟依人""纤瘦娇弱"看成是"美人"的标准,于是就会嫌弃自己日渐变"壮实"的身体,这是非常不正确的认知。青春发育期,我们必须要保证的就是身体的正常健康

第二章
知识篇——青春期的知识，容不得忽视

发育，变高与变胖是必然的趋势。所以，接纳此时发生急速变化的自己，是我们当下需要认识到的重要内容。

相比较于身高、体重的变化，我们接下来还需要意识到的是，在青春发育期，我们的生殖系统也会随之发育成熟。因为生殖系统是人体各系统中发育、成熟最晚的，所以它的日渐成熟，也标志着我们生理发育的逐步完成。

12～18岁时，我们会出现青春期的第二性征，主要表现为乳房隆起、体毛出现、骨盆变大、臀部变大等身体表现。

而在10～16岁，也就是平均13岁左右时，女孩会出现月经初潮，这是女孩身体发育即将成熟的标志，而卵巢的发育，则要到18岁才能达到成熟水平。所以，此时我们要特别注意保护自己的身体。有的女孩过早地有性行为，甚至怀孕等，这是非常不妥的。因为尚未真正成熟的身体，一旦涉及这些事情，就会给身体带来严重的伤害，有些伤害甚至是终身不可逆转的，比如终身不孕、各种妇科疾病，甚至是伴随一生的很严重的妇科疾病，再严重的可能还会危及生命。所以，青春期女孩再怎么爱惜、保护身体都不为过。

当身体开始出现前面讲的这些青春期体貌特征的变化时，最初，很多女孩可能都会有恐惧，因为这些变化太快了，就好像一夜之间或者几天之内，自己就与以前那个小小的样子告别了，这种突如其来的变化会给人带来情绪方面的影响。

这些变化是每个女孩成长的必经之路，我们要做的是从

女孩,你要学会保护自己
身体篇

正面认识它,多接触科学、正规的内容,认真学习,同时也多和妈妈聊聊。翻看青春期科学知识,可以保证我们接触到的知识都是正向的,不会有差错,不会被引入歧途,不会因为不了解而出现误操作;和妈妈认真地聊聊,则能够从妈妈那里获得来自亲情的安慰,从而缓解内心因为这些变化而来的紧张;听听妈妈作为"过来人"的经验介绍,和她说说自己的种种感受,能够让自己以平静的心态来度过这段"动荡"的时期。

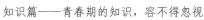

第二章

知识篇——青春期的知识，容不得忽视

 身上长出了绒毛毛，不要慌

在某问答论坛上，有位妈妈发出了这样的求助：

"我的女儿已经上初中了，到了青春期，我发现她越来越害羞。一开始是每天放学都着急忙慌地四处找厕所，多数时间还是回家来解决。我问她为什么不在学校上厕所，她支支吾吾，最后才告诉我，因为发现自己下面长了毛毛，她就觉得害羞，不愿意去厕所。中午因为也在学校，所以她经常是一憋就憋一天。听得我都害怕了，这要是憋出毛病来怎么办？

"不只是憋尿不去厕所，她现在也开始嫌弃夏天的校服了，不管多热，她也要穿着春秋的校服，衬衫长裤。后来我反复问，她也才说，自己腋窝里长了毛毛，胳膊和腿上也有，觉得不好看，怕同学笑话，这才干脆就不露出来。

"我就想问问，遇到像我女儿这样的情况，我应该怎么劝解，才能让她继续正常地生活下去？不然她总这样，我真担心她的身体会出问题。"

随着青春期的到来，我们的身体会发生种种变化，也就是会出现第一性征和第二性征。

第一性征指的是生殖所必需的器官，对于女孩来说，就是包括卵巢、输卵管、子宫、阴蒂、阴道等器官的变化；

女孩,你要学会保护自己
身体篇

第二性征则指的是不直接包含性器官成熟的生理标志,比如乳房的变化,声音和皮肤肌理的变化,肌肉的发育,以及阴毛、腋毛等各种体毛的生长。

面对身体上各种体毛的生长,尽管知道这是正常的,但发现身体忽然从"鸡蛋壳一样光滑"的状态变成了"毛茸茸"的状态,很多女孩是惊慌失措的。尤其是再发现周围的同学可能和自己的状态并不太一样的时候,这种"与众不同",会带来非常大的心理压力。

就像前面那个女孩,身体上的各种"绒毛毛"的生长,已经严重影响到了她的正常生活。"长毛毛"这件事,尽管不同的人会有不同的变化趋势,出现的时间可能也会有所不同,但普遍来说,这件事都会随着身体发育而发生。作为女孩来讲,乳房的发育和阴毛生长,恰恰就是发育期第一个具有代表性的外部标志。当我们发现身体出现了变化,变得毛茸茸了,那就是"我要长大了"。这样来想的话,你会不会感觉惊喜一点呢?

除非特殊情况,几乎所有人的身体发育都是类似的,都会有身体上长毛的情况出现,只不过是多和少、快和慢的不同。

正常情况下,体毛的生长虽然令个人感官上不是很舒服,但这些毛发都具有其相应的作用。比如,阴毛的存在是为了保护重要部位,腋毛则是为了保护皮肤以及代表着第二性征。至于其多少、分布程度，都是因人而异。

总之，这是一种正常的状态，而且是你成长的标志，你应该由此意识到自己的确是在正常健康地成长，这反而该是令你放心的一种成长表现。

大多数女孩身上的体毛增多都是生理性的，并不需要治疗和干预，如果觉得不是很美观，你也可以在妈妈或医生的指导下进行一些简单的处理，比如手臂、腿上或者腋下的汗毛，你可以采取科学、安全、卫生的手段去除，但阴部的毛发一定要谨慎对待，不能自己私自就用任何东西来脱掉，以免给自己身体带来不良影响。

有些女孩因为青春期发育导致体内激素分泌不平衡，雄性激素水平增高，所以毛囊受到了刺激，可能会出现体毛较多的情况，但只要耐心一些，一段时间之后，待激素分泌趋于稳定，这种多毛的现象自然会消失，而且随着年龄的增长，人的体毛也会慢慢减少。

也有一些情况值得我们注意，那就是有些体毛增多是病理性的，如果我们发现体毛突然增多或呈现进行性发展，同时还伴有喉结突出、声音粗沉、月经不调等其他表现时，我们就要及时去医院检查，看看是不是与脑垂体与卵巢功能异常有关，然后再进行对症治疗。

更重要的是，我们一定要自尊自爱，表现出真正的阳光自信，你要明白，与毛茸茸的身体相比，你的学识、你的能

女孩,你要学会保护自己
身体篇

力、你的人生态度、你的诚信友善、你的基本道德品行,才是他人更为关注的内容。

所以,能够科学地认识与理解青春期的问题,把更多的精力投入其他更重要的事情上,你就不会再为这些鸡毛蒜皮的事情烦恼了。

第二章

知识篇——青春期的知识，容不得忽视

内裤上的白色东西是什么

一位妈妈在青春期相关问答平台上分享过这样一件事：

女儿进入青春期后，妈妈发现她每天都过得很神经质，整天有各种担忧。前几天她惊呼自己的胸部长起来了，然后又开始抱怨为什么身体要长毛。妈妈能够理解女儿经历青春期的紧张，也会经常给她讲青春期的知识。

某一天，女儿从学校回来，又是慌张不已的模样。刚进家，女儿就拉着妈妈进了卫生间，用一种快哭了的声音说："妈妈，我下面怎么流出白色东西了？沾在我的内裤上，我是不是生病了？"

妈妈让女儿把内裤换下来，仔细观察了一下脱下来的内裤，然后告诉她："不是生病，你正在慢慢长大，这个流出来的东西不是坏东西，它叫白带。"

看着女儿有些放松却依然带着疑惑的表情，妈妈决定还是要继续给女儿讲解青春期的常识，并且还要增加一些日常科学护理的内容。

正常女性进入青春期之后，从阴道里会排出分泌物，也就是留在内裤上的白色东西，这就是白带。一般来说，女孩在12岁左右就开始出现白带了，这个时候女孩的生殖系统开始发育，并逐渐走向成熟，子宫内膜会开始脱落，身体的变

化又会导致子宫分泌黏液，这些物质都会通过女性的阴道排出，这就是阴道分泌物，也就是白带。

白带的最主要来源是子宫颈内的黏液腺体所分泌的黏液，白带是由阴道黏膜渗出物、宫颈管及子宫内膜腺体分泌液混合而成，它的形成与雌激素的作用有关。

当然也有的女孩身体发育比较慢，进入青春期的时间比较晚，会在14岁左右才开始有月经、出现白带，这种情况也是正常的。但如果一直到成年，女孩都没有出现过白带，那就有可能是生殖系统发生了问题，就应该及时寻求医生的帮助。

如此来看，白带还是反映我们身体是否健康的一个关键性的存在。事实上，女孩的阴道内寄生着许多有益杆菌，这类杆菌可以帮助阴道保持酸性环境，使宫颈口呈现碱性环境，从而有效地防止病菌的入侵。只不过，这些有益菌并不能在干燥的环境中生长，所以白带的存在就显得非常重要。白带可以让阴道保持一定的湿度，为有益菌提供生长、繁殖的有利环境。而且由于骨盆底肌肉的作用，女性阴道口闭合，前后壁紧贴。白带中的水分使女性的阴道处于湿润状态，这种湿润环境能减少阴道前后壁之间的摩擦，保护阴道壁不受损伤。

白带量的多少，与雌激素水平的高低以及生殖器官充血的情况有关，青春期时白带会多一些，排卵期、妊娠期，白带也会增多。月经前后三四天里，盆腔的充血也会导致白带比平时多且黏稠，性行为时的生殖器官充血也同样会导致白带分泌增多。另外，如果有体力劳动或者经历了长途旅行，宫颈内膜细胞分泌会变得旺盛，白带也会增多。

一般情况下，正常的白带呈白色糊状或蛋清样，黏稠，无腥臭味，量少，也叫生理性白带。但如果白带的量多且性状发生变化时，就会出现病理性白带，比如豆腐渣样白带、黄绿白带、脓性白带等，同时还伴随疼痛、瘙痒、异味。如果出现病理性白带，就要及时去医院进行检查，予以相应的治疗处理。

由此看来，白带的组成、作用、影响因素，都和我们的生殖系统有紧密联系，所以我们也可以把白带看成是女性健康的信号灯。

对于女孩来说，应该对下身的清洁健康多加注意，到了青春期，就要更加重视一些。我们要做到勤换洗内裤，准备一个专用的水盆用来清洁阴部，并选择合适的内裤，日常穿衣也要多注意保暖透气，选择正规品牌的内衣和卫生巾等卫生用品。日常多喝水，饮食方面也要注意营养搭配，适量运动，保持规律的作息，保证身体的健康。另外要做到洁身自好，好好保护自己尚在发育的生殖器官。

女孩，你要学会保护自己

身体篇

了解乳房及其结构、发育阶段等知识

> 一位女士曾经讲述过这样一件真实的事：
>
> 我上中学的时候有一个关系非常亲密的好朋友，朋友个子很高，身材也挺好的，按道理来说也算是一个高挑、耐看的女孩。可是不知道从什么时候起，我发现朋友总是不知不觉中就弯下了后背，不管是坐着、站着还是运动、玩耍的时候，她的后背总是能弯曲成虾米的样子。我有时候会忍不住去拍拍她，让她挺起胸，因为弯成那个样子真的是不好看。
>
> 朋友最初只是不好意思地笑笑，在我拍她的时候会挺起身来，可过不了几分钟就又塌下去了。我当时忍不住吐槽她："你呀，总这样就真的成大虾了。"她不好意思地挺了挺胸，让我看了看，我才发现她的胸部已经发育了，而且还不小的样子，和我这个平板小身材相比，是真的完全不一样了。而且当时班上的女生都还没有那么明显的发育状态，所以她的快速发育就显得有些特殊。
>
> 但总看她驼背，我还是觉得不好看。而且有一次她的妈妈也拜托我说，"以后多帮忙监督她，看见她驼背就拍拍"。我当时最深刻的记忆，就是每天没事的时候去拍朋友的后背。

青春期女孩会有那么几个自认为难以启齿的事情，除了前面提到的身上会长毛毛之外，还有一个就是胸部的变

第二章
知识篇——青春期的知识，容不得忽视

化。如果不够了解这种变化，那么在大家都是平板小身材的时候，一个女孩某天发现自己胸部突然隆起，而且走路、跑步的时候可能还会颤动，这对于渴望融入集体、不希望因为"异样"而被孤立的青春期女孩来说，真的是很"糟糕"的情况。

所以，类似于前面那位女士的朋友的情况，在很多青春期女孩身上也同样常见。除了驼背，有些女孩还会自己想各种办法，比如用布把胸部裹起来、穿小一号的衣服，或者反其道而行之，穿大号宽松的衣服，目的就是不让胸部显现出来。

因为自己的"与众不同"而感到不好意思，这种心理是一种人之常情，然而青春期时身体的发育却也是另一种角度的"人之常情"，那么我们就需要认真地去学习了解这一科学知识，纠正自己内心的错误认知，理顺青春期关于身体变化的种种纠结，让自己能够轻松生活。

针对乳房的问题，我们可以这样来看待：

首先，正视"乳房"。

乳房是什么？从基本的定义来看，乳房是人和哺乳动物所特有的哺乳器官。对于人类来说，乳房位于人体锁骨中线第四肋间隙，左右各一个，正常男子及儿童不明显，女子则在青春期时由于性激素的刺激逐渐长大。

其实从基本的人体构成来说，乳房与我们身体的其他部位都是身体的构成部分，只不过因为基因和年龄因素，而导

女孩，你要学会保护自己
身体篇

致青春期之后的女孩会有乳房大小的不同。

但是很多女孩并不能正确面对"乳房"这个词，仿佛说起"乳房"就是一件不好的事情，她们自己也会用其他称呼来指代自己的乳房，至于说旁人说了什么与乳房有关的话，她们更是羞愧得巴不得躲起来。

既然是身体的正常器官，那又何必羞愧呢？我们应该先扭转这个错误的认知。当我们自己能理智面对自己的身体时，才能更认真地去学习与此有关的知识。

其次，认真了解乳房的相关知识。

我们需要好好认识一下自己的乳房。

乳房的结构：乳房分为内在结构与外在结构。

内在结构主要包括腺体组织、脂肪组织和结缔组织。

腺体组织简称为乳腺，也是乳房最重要的组成部分，乳房的生长发育过程由它掌控。

脂肪组织包在乳腺周围，形成一个半球形的整体，这些脂肪组织呈囊状，称为脂肪囊，其厚薄可因年龄、生育等原因而出现个体差异。脂肪组织的多少也是决定乳房大小的重要因素之一，所以青少年时期多吃含蛋白质丰富的食物可以帮助乳房健康丰满发育。

结缔组织在体内广泛分布，乳腺纤维结缔组织分布在乳房表面的皮肤之下，分隔并支撑各个腺体组织，再连接到各个腺体组织，最后连接到胸部肌肉上，这些纤维结缔组织称为乳房悬韧带，起到支持和固定乳房位置的作用。

从外在结构来看，乳房的位置垂直向介于第2~6肋间，水平向介于胸骨旁线与腋中线之间。乳头呈圆柱形，中央部分的皮肤呈淡红色，有皮脂腺称乳晕，乳晕的颜色和范围会随着妊娠、哺乳而发生改变。

乳房外形一般为规则的半球形或圆锥体，两侧基本对称，或稍微有些大小高低差异，根据人种和发育情况，乳房的大小形状都会存在明显差异。

乳房的发育阶段：

因为地区、种族等各种因素的影响，女性乳房的发育时间存在差异，绝大多数的女性在8~13岁乳房开始发育，并在14~18岁完全成熟。乳房的发育多从左侧开始，自开始到成熟需要3~5年的时间。

青春期乳房发育一般分为5个阶段：

第一阶段，1~9岁，乳头隆起，乳晕渐渐明显。

第二阶段，10~11岁，乳房和乳头隆起，乳头下的乳房胚芽开始生长，呈现明显的圆丘形隆起。乳晕颜色继续加深。

第三阶段，12~13岁，乳房渐进性增大，变圆隆起，乳晕更为明显。

第四阶段，14~15岁，乳房迅速增大，明显隆起，乳头乳晕向前突出。

第五阶段，16~18岁，逐渐定型成正常成人乳房，乳头更为突出，乳晕稍浅。

女孩，你要学会保护自己
身体篇

这些阶段的形态变化并不是一成不变的，也会存在交叉，不要盲目担忧乳房的发育问题。但如果直到16岁，乳房从形态上依然没有发育迹象，就要去医院在专科医生指导下采取必要措施。

最后，认真呵护及理性对待自己的乳房。

乳房逐渐发育的过程中，我们要好好对待它。

第一，不要用紧身的带子或衣服来束缚它的发育。否则不仅会导致乳腺发育不良，影响日后的哺乳，也会对心肺有所压迫，限制胸廓发育，影响身体健康。

所以，我们需要选择合适的内衣，也就是乳罩。要根据自身身体的胖瘦、乳房的大小来确定戴乳罩的时间，一般在16~18岁时，测量乳房上底部至下底部之间的距离，如果大于16厘米，就可以佩戴乳罩了。尽量选择棉织类乳罩，质地柔软、吸湿性强、不刺激皮肤、通透性好，另外也要选择合适的型号。每天佩戴最好不超过8小时。

第二，加强胸部肌肉锻炼，做好胸部健美。不过在运动以及劳动过程中，要注意保护乳房，防止撞击和挤压。同时也要注意营养摄取，不要盲目减肥、节食、偏食。

第三，保持正确的坐、卧、立、走姿势。睡觉的时候要采取仰卧和侧卧的姿势，不要俯卧，以免对乳房造成挤压；其他时候则要尽量挺胸抬头，不要含胸驼背。

第四，保持乳房的基本卫生。青春期乳房发育过程中会有瘙痒疼痛，要注意不要使劲搔抓，也不要随意挤弄、抠抓乳头，以免引发感染。洗澡时也要注意清洗乳头、乳晕，以免分泌的油脂样物质堆积产生污垢。

女孩,你要学会保护自己
身体篇

认识并照顾好自己的"隐秘地带"

23岁的小朵还没有结婚,某天她感觉身体很不舒服,先是肚子有一点胀痛,接着私处开始出现分泌物并伴有烧灼感。最开始的症状并没有那么严重,所以她也没太在意。

然而10天之后,小朵发现自己的症状不仅没有缓解,反而更加严重了,肚子也疼得更厉害,于是在朋友的帮助下,她来到了医院进行检查。

经过详细检查,医生发现小朵的私处有赘生物,已经处于癌前病变阶段,如果不是这次来了医院,再拖下去后果可能不堪设想。

一般来说,这种疾病多发于绝经后的女性,才刚20出头的小朵之所以会出现这样的情况,与她糟糕的个人卫生习惯有很大关系。原来小朵经常一个月才换一次内裤,平时还经常熬夜、抽烟。糟糕的生活习惯导致她的免疫力逐渐下降,一个月不换的内裤滋生大量细菌,这才引发了她身上的病变。

对于女性来讲,私密部位的卫生健康非常重要,如果没有得到悉心的呵护,它会很容易被感染,从而引发各种病症,有些病症甚至还会危及生命。所以像事例中提到的这位小朵姑娘,她淡薄的卫生意识引发的病症,就是给我们敲响

第二章

知识篇——青春期的知识，容不得忽视

的警钟。不要等到像她这样的年龄才开始注意私处卫生问题，越早养成良好的卫生习惯，越能避免相关疾病的发生。

想要更好地保持私密部位的卫生，就需要先来认识一下私密部位。

除了前面提到的乳房可以被看作是女性的私密部位之外，生殖器就是最重要的私密部位了。从定义来看，女性生殖器分为外生殖器和内生殖器。

女性外生殖器就是生殖器的外露部分，又称为外阴。位于耻骨联合至会阴及两股内侧之间，包括阴阜、大小阴唇、阴蒂、前庭大腺、尿道口及阴道口等。用通俗的语言来解释就是，女性外生殖器是我们肉眼可见到、手可触碰到的这一部分私密部位。

女性内生殖器包括阴道、子宫、输卵管及卵巢。因为肉眼不可见、手也触碰不到，所以一旦发生感染或病变，可能很难在第一时间发现。

从外生殖器和内生殖器的关系来看，内生殖器是否健康安全，与外生殖器是否得到了很好的呵护有很大关系。

那么接下来，我们就来看看应该怎么保护好这一重要的私密部位。对于私密部位的保护可以从两方面来进行：

一方面是遮挡性的保护，也就是对内裤的选择和清洗。

在挑选内裤时，要选择纯棉内裤或裆部是纯棉的内裤，可以防止私密部位与内裤的摩擦，从而避免发炎、过敏和瘙痒的问题出现。

女孩，你要学会保护自己
身体篇

内裤穿了一天之后，一定要当天清洗干净，不给细菌滋生的机会。清洗内裤的时候可以选择专用肥皂或洗衣液，最好用手洗，更有利于清除细菌。内裤最好单独清洗，不要和其他衣物放在一起，尤其是不要和袜子一起清洗，因为其他衣物的细菌可能会与内裤相互传播。可以准备一个单独的小盆，专门用来清洗内裤。清洗过后，内裤要放在太阳下面暴晒，以起到很好的消毒杀菌作用。

在内裤更换方面也要勤快一些，根据研究发现，一条脏内裤上平均携带有0.1克的粪便，其中就带有各种各样的细菌，即便通过正确的清洗和晾晒，也不可能完全将其杀死，所以为了保险起见，最好每半年就重新购置一次内裤。

另一方面则是清洁性的保护，就是如何对私密部位进行清洁。

尚未成年的我们，外阴发育并不完全，尿道短而且外口暴露，很容易被污染；阴道的上皮抵抗力低，也更容易放任细菌长驱直入引发疾病。所以在清洁方面也要更上心。

每天都要适当清洗外阴，不要使用碱性大的肥皂或高锰酸钾，随着年龄增长，白带月经出现之后，可以在妈妈的指导下，选择合适的弱酸性的温和护理液，但日常其实是可以使用清水来进行清洗的。也就是说，一个总体原则是，在不破坏生态平衡的前提下，阻止外界病菌侵入。

准备好自己专用的清洗私密部位的毛巾或水盆，每次使用前要清洗干净。尤其是毛巾，最好是经常清洗并在太阳下

知识篇——青春期的知识，容不得忽视

暴晒，有利于杀菌消毒。

便后的擦拭要格外注意，一定要从前往后擦拭干净，最好养成使用温水清洗或冲洗肛门的习惯，否则肛门处留有的粪便污渍会污染内裤，其中含有的肠道细菌就会趁机侵入阴道，引发炎症。

另外，在月经期间，要勤换卫生巾，注意清洗私密部位，以免细菌的滋生繁殖。

女孩，你要学会保护自己
身体篇

了解卵子、排卵以及月经等相关常识

某论坛开了一个帖子，提到了女生第一次来月经的话题，女网友们纷纷讲出了自己第一次来月经时的"趣事"：

一位网友说："第一次来月经的时候刚好在上课，真的是什么都不懂，还以为自己是上大号的时候用力过猛，当时擦干净了就觉得没事了。结果一节课下来，裤子上、凳子上一片狼藉，同桌和坐我后面的同学都吓傻了。"

又一位网友说："第一次来的时候肚子很不舒服，晚上睡觉就躺在被子里哭，以为是自己得了什么流血不止的病，认为自己到白天就要死了。后来哭的声音越来越大，妈妈问了之后，还骂我想太多。"

也有网友说："虽然知道一点点，但具体的还是不懂的，卫生巾不会用，还用过卫生纸随便垫，经期的时候也不懂饮食禁忌，凉的辣的随便吃，结果痛经了好多年。"

从网友们的真实经历来看，很多女孩对有关月经常识的了解真是少之又少。正是因为不知道，所以也就无法正确对待，以至于给自己的身体带来后患。

月经是青春期到来的一个重要标志，有规律且状态良好的月经期，也是女性身体健康与否的标志，所以我们从一开始就要好好了解这方面的常识。

月经是女性生理上的循环周期，每隔一个月左右，子宫内膜会发生一次自主增厚，血管增生、腺体生长分泌以及子宫内膜脱落并伴随出血的周期性变化。这种周期性的阴道排血或子宫出血的现象，就是我们要了解的月经。

那么月经是怎么来的呢？

前面我们已经知道了女性内生殖器官是由阴道、子宫、卵巢、输卵管组成的，其中卵巢的主要功能就是产生卵子与合成卵巢激素。青春期女孩的卵巢中含有几万个卵泡，每个月会有一定数量的卵泡生长发育，通常来说，每月只有一个卵泡成熟（约历时28天），并且排出一个卵子，左右两侧的卵巢会交替进行。女性一生大约会排出400个卵子。

青春期到来时，激素作用会促使不成熟的卵泡逐渐发育，同时合成雌激素。当卵泡发育成熟并排卵之后，黄体出现，合成雌激素的同时也产生孕激素。随着卵巢变化，子宫内膜也在雌激素的影响下增厚，如果此时排出的卵子受精，受精卵就会被运送到子宫内发育，称为妊娠；如果卵子没有受精，排卵后14天左右，黄体萎缩，停止分泌雌激素和孕激素，子宫内膜中的血管收缩，内膜坏死脱落，引起出血，形成月经。

卵巢周期的长短决定了月经周期的长短，一般为21～30天，不过也会有人在23～45天，更有的人以3个月或半年为一个周期。不论时间长短，只要有规律，就都属于正常月经。月经出血的时间一般为2～7天，每次出血总量为

女孩,你要学会保护自己
身体篇

30~50毫升。

对于青春期刚来月经的女孩来说,最开始的几次月经可能时间上并不固定,需要经过一段调整期,卵巢发育成熟,能有规律地排卵,才能建立起正常的月经周期。而且青春期刚好是学业日益繁重的时候,所以情绪、学业等都会带来压力,也是影响月经周期的因素,这都是正常的,不需要过度担心。

简单来说,月经期会因为子宫内膜脱落、血管破裂,而形成一个创面,此时子宫口微微张开,阴道酸性分泌物被冲淡,可以说是一段容易被细菌入侵的时期,此时就需要非常注意个人卫生。

对于刚刚经历月经的女孩来说,除了了解月经是怎么形成的之外,如何好好度过月经期也是需要重点关注的内容。

首先是选择卫生用品和衣物的问题。

我们应该尽早了解青春期的问题,就是在青春期到来之前,就跟着妈妈好好学习这期间都可能会经历什么,提早了解女孩青春期的必经之路"月经期"到底是怎么一回事,并做好相应准备。

相比较于其他用品,卫生巾是女孩们在月经期最常用的一种,所以可以提前问问妈妈,卫生巾要准备什么样子的,卫生巾怎么使用,跟着妈妈学习选择合适的卫生巾型号。可以准备不同材质的卫生巾,棉面和网面如何选择需要自己感受才能最终确定。除了卫生巾,还有其他一些可供月经期使用的工具，比如卫生棉条，也可以问问妈妈，学习如何正确使用棉条。

其次是保持清洁问题。

月经期的清洁有时候会被一些人忽略掉，尤其是经血多的时候，是需要用温水清洗外阴以保证卫生的，只不过不要清洗阴道里面，只要清洗外阴就可以了。如果有条件，最好是淋浴冲洗，不要盆浴。

卫生用品和内衣裤也要经常更换。对于卫生用品，不要觉得一片卫生巾只要没被浸满就可以不换。在经量大的时候，建议两个小时更换一次；而在一般血量情况下，也建议3～4个小时更换一次卫生巾；在经量少的时候可以使用小一点的护垫，也需要及时更换；如果是卫生棉条，说明书上会提示多久更换一次，最好能认真按照说明书执行。

当然不管是更换哪种卫生用品，都需要洗净手之后再去操作，以免卫生用品上沾染上细菌。

再次是注意保暖的问题。

月经期时，我们身体的抵抗力会下降，盆腔充血，这时需要格外注意保暖。所以此时要尽量避免淋雨、涉水、游泳等行为，不要用冷水洗澡、洗头、洗脚，或者长时间用冷水刷洗衣物，也不要坐在凉的地面或凳子上，尤其是夏天还要避免吃过冷的东西。

最后是应对月经期生活的问题。

月经期要注意保证足够的休息，不要过度劳累，多吃水

女孩，你要学会保护自己
身体篇

果蔬菜、多喝水，不吃辛辣生冷等有刺激性的食物。

同时，月经期因为激素的变化导致身体的某些不适，会使得女孩出现抑郁、易怒等情绪波动，也要注意转移注意力，尽量保持心情舒畅以减轻这种不适感，减少月经失调的发生概率。

此时可以适当参加一些体育活动，只不过不要进行剧烈的体育运动。因为体育活动可以帮助人保持良好的精神状态，减少不良情绪对人的影响，同时体育运动也能促进体内新陈代谢，有助于身体健康。

另外也要及时记录自己的月经周期，观察自己的月经是否进入规律状态，以便于下次可以从容应对月经的到来。而且通过自己的月经周期还能发现问题，一旦月经不规律了，就要及时去医院找医生诊治。

关于月经的问题，除了以上一些基本常识，很多女孩可能还会经历痛经的问题。

痛经就是指经期前后或者行经期间出现的下腹部痉挛性疼痛，有的会伴有全身不适，严重的甚至会影响日常生活。痛经分为原发性和继发性两种，原发性是一种功能性痛经，经过详细检查会发现盆腔器官并没有明显异常；继发性痛经就是指生殖器官有明显病变而引发的疼痛。

对于青春期的女孩来说，痛经可能的原因包括：

精神因素，过度紧张、情绪波动或者身体虚弱都可以导致痛经。

遗传因素，母亲有痛经现象，则女儿痛经的概率也会随之增加。

内分泌因素，如果子宫内膜分泌前列腺素过多，也同样会引发子宫肌纤维发生强烈收缩，从而引发疼痛。

生理结构因素，有些女孩宫颈口比较狭窄，子宫内膜脱落排出困难或者子宫过度屈曲导致经血不能顺利流出，也会导致子宫收缩引发痉挛，从而出现痛经。

若想要减轻痛经，我们可以采取热敷、喝红糖姜水的方法来缓解，根据医生建议适当吃一些益母草颗粒也可以治疗痛经。不要擅自吃止痛药，最好能去医院获得医生的建议之后再行处理。

女孩，你要学会保护自己

身体篇

受精、怀孕和生育，是怎么回事？

陕西省西安市的李先生有个女儿叫婷婷，出生于2002年10月底。

2017年8月的一天，李先生发现还不到15岁的婷婷肚子特别大，仔细一问才知道她居然怀孕了。这时候婷婷刚刚初中毕业，李先生带着她赶紧去医院检查发现，她怀孕已经39周左右，马上就要到预产期了。

这个消息让李先生和家人都震惊极了，婷婷的妈妈也表示，要不是李先生发现婷婷的肚子不对劲，她也不知道在女儿身上居然发生了这种事，因为婷婷好长一段时间里都是放学回家就把自己关进房间，洗澡上厕所都是自己独立完成，家人根本就没发现有什么异常。

李先生反复询问孩子的父亲到底是谁，婷婷并不愿意告诉家人。直到后来，那个让婷婷怀孕的男子上了门，李先生才知道他是一个19岁的本地人，初中毕业之后就到处打工，2016年和婷婷认识，几个月之后就发生了关系，并有了孩子，俩人的计划竟然是要将孩子生下来。

李先生感觉难以接受这个事实，决定报警求助。而根据两人提供的时间线来看，两人发生关系的时候婷婷还不满14岁，所以律师表示，已经成年的男方与未满14周岁的幼女发生性行为，不论对方是否同意，都可构成强奸罪。

第二章

知识篇——青春期的知识,容不得忽视

不满14岁的女孩与异性发生了性关系,近十月怀胎之后,她马上要做母亲了,听来这是多么荒唐的一件事。而怀孕、生子乃至于后续的养育,对于她来说都是太过复杂的事情,所以她自己可能都不知道应该怎么去对自己负责,更不知道怎么去对一个新生命负责。

先不说一个成年男子对未成年女孩造成的伤害,单从女孩的角度来说,如果婷婷能够了解到与自己身体健康甚至于生命安全息息相关的受孕生育知识,她可能也会更多考虑一下,也许就不会轻易与他人"孕育"新生命了。

一个新生命是很珍贵的,所以我们要慎重对待,应该让自己在情感成熟、思想成熟、身体发育成熟、有足够健康保证、有合法婚姻的时候再去考虑。而在未成年时,我们最好提前了解一下关于受精、怀孕、生育的知识,一方面是增加对青春期成长的认识,另一方面也是让自己增强自我保护意识。

受精、怀孕、生育,这是一整条的"生命制造线"。

第一,受精。

受精是卵子和精子融合为一个合子的过程,男性的精液进入女性阴道内,精子依靠尾部摆动向子宫方向游弋,然后进入输卵管。精子从阴道到达输卵管的时间,最快仅数分钟,一般需要一个小时到一个半小时,到达输卵管的精子在3天内拥有使卵子受精的能力。

女性在育龄期时,卵巢每个月可以排出一个成熟的卵

女孩，你要学会保护自己
身体篇

子，排出后24小时内，如果在输卵管中遇到精子，卵子会被一群精子包围，最终有一个精子可以钻入卵子受精，精卵结合成为受精卵。

第二，怀孕。

受精卵在输卵管一边发育一边会慢慢向子宫腔移动，大约在受精后的七八天时间里，就可以到达子宫腔，植入子宫内膜中，也就是受精卵着床。之后这枚受精卵就会不断吸取营养逐渐发育成为胎儿，在子宫内不断成长。简单来说，从受精卵着床到胎儿出生之前的这段时间，就是怀孕阶段。

从受孕至分娩的生理过程也是危险重重，因为胎儿在身体内部，外部看不到，你不会知道他发生了什么，也不会知道你的身体出现了怎样的变化，任何一个不良因素都可能导致胎儿和你出现问题。怀孕期间出现问题，对于母体的伤害是最大的。

第三，生育。

在孕38~40周之间，胎儿就会有娩出的可能，胎儿从母体内娩出就是生育。

对于每一位妈妈来说，生产都是一道鬼门关，如果妈妈身体条件允许，可以顺产；如果妈妈身体条件不好或者胎儿状况不允许，就要剖腹产，而不论顺产还是剖腹产，都有一定的风险，这个危险是未知的，且凶险程度可能会令人措手不及。

但从另一个角度来说，生育其实可以拆解为"生"和

"育",生是指生产,育则是养育。因为妈妈不只是要把孩子生下来,在孩子出生后,养育他的重任主要还是落在妈妈的肩上。

所以,从受精到怀孕到生育,这一整个过程妈妈都承担着很大的责任,她要对自己和腹中胎儿负责,要保证自己和胎儿的生命健康。如果没有足够成熟的心智与思想,没有足以提供正常营养的健康身体,在不合适的年龄就怀孕生育,这对母体的伤害会是非常严重的,甚至是不可逆的。

女孩，你要学会保护自己
身体篇

认真了解一下避孕这件事

某校一位男生在一个星期天的晚上向班主任请了假，同时还为同班的一位女生也请了假。班主任问及请假理由，男生却支支吾吾总也说不清楚，心存疑虑的班主任觉得这情况不正常，反复追问之下，男生才不得已说了实话，同班的女生怀孕了，要去县城做流产手术。

原来这名男生和同班的女生两人都是留守学生，双方的家长都长期在外打工，两个学生某个周末在家无人监管，带着对性的懵懂而发生了性行为，因为不了解性行为的后果没有采取措施。发现怀孕后，男生不得已决定带着女生去做流产手术，并反复央求老师一定保密，不能告诉双方家长。

可是班主任老师一时间也不知道该如何处理，他迅速报告给了学校，老师们经过商量，还是劝说男生一定要告诉父母，因为这个手术是有风险的。最终双方父母都知道了这件事，但因为怕传出去名声不好，双方家长选择协商处理。

青春期的孩子会产生性冲动，如果没有正确渠道去疏导，他们有可能就会想要去尝试性行为，却完全不知道"性行为所带来的后果"，尤其是那个最严重的后果——导致女方怀孕。

我们除了要通过了解科学的性知识来避免过早发生的性

行为，同时也要去了解一下与避孕有关的知识。越是了解这方面知识，也许我们也就能更加爱护自我，会主动地、发自内心地远离过早性行为，也会懂得怎样在某些不可抗的性行为中最大限度地保护好自己。

说到避孕，可选择以下几种方法：

第一，药物避孕。

避孕药分为紧急避孕药、短效避孕药和长效避孕药。

紧急避孕药是一种临时预防，在性行为之后72小时内服用，12小时后再次服用，服用时间越早效果越好，但并不是常规的预防方案。

短效避孕药要在月经来潮当天往后算第5天开始服药，每晚一片，连续服用22天，可以避孕一个月。

长效避孕药的作用是抑制排卵，一般在月经来潮后第5、20天后各服用1片，以达到一定程度的避孕效果。

第二，安全期避孕。

女性通过计算自己的安全期来进行避孕，一般来说，月经期的"前三后四"时间里，可以被看作是安全期，相对来说怀孕概率会降低。但是，这种方法只适用于月经期比较规律的女性，并不是绝对的，有些因素可能导致月经期发生变化，所以这种方法并不靠谱。

第三，避孕套避孕。

这种方法是最多人选择的一种方法，成功率可高达99%。避孕套可以阻止精子进入阴道，阻断精子与卵子的结

合，对于女性来说是最好的一种避孕方式。

第四，其他避孕方式。

节育环避孕、结扎避孕以及皮下埋植避孕，这些都是避免怀孕的方式，但显然这些方式都是提供给育龄期女性的。

如果不懂避孕，在一些意外性行为后，一些需要进行流产的怀孕女孩都将要承受巨大的心理压力以及身体上的伤害。

流产分为药物流产和手术流产。

药物流产主要适用于怀孕7周之内的女性终止妊娠，但是其成功率并非100%。药物流产本身可能会带来阴道流血、胃肠道反应等各种不良反应，还可能会引发炎症，而如果流产不干净，还需要进行二次清宫手术，而清宫就可能会给身体带来巨大伤害。而且药物本身也会影响内分泌和卵巢功能，短时间内反复的药物流产可能会导致以后的不孕以及子宫出现问题。

手术流产则包括负压吸引术、麻醉镇痛技术实施负压吸宫术（无痛人流），以及钳刮术。前两者适用于10周以内的流产，钳刮术一般适用于在14周之内。相比较于药物流产，人工流产手术在术中、术后、近期、远期都可能引发并发症，比如术中出血、人工流产综合征，术后流产不全而导致的二次清宫，以及术后的宫腔感染，宫腔粘连，闭经，慢性、急性的盆腔炎症，月经不调，继发不孕等，还有子宫内膜异位症的风险。还有的女性经历一次流产，就出现了宫腔的严重粘连、输卵管积水和堵塞，从而导致不孕。如果多次进行人流手术，子宫肌壁变薄，子宫内膜变少，这使得女性未来生育的可能性不断变小，也就是会导致不孕。如果是未成年少女就更容易导致后遗症的发生。

尤其是那些不得已选择私人小诊所流产甚至是自己靠吃药来解决的女孩，她们身体上的伤害可能将是终生的，比如终生不能再孕育孩子，子宫受到伤害而影响激素分泌等。

所以从流产的后果来看，我们更加需要了解避孕知识，就算是作为补救措施，也要好过经历这些伤害。当然，青春期最好的避孕，就是杜绝青春期性行为，在不该发生的时候坚决不发生。

女孩，你要学会保护自己
身体篇

理智认识性教育，更好地保护自己

作家毕淑敏在《温柔就是能够对抗世间所有的坚硬》一书中提到了这样一件事：

毕淑敏去北京一所中学与那里的女生们座谈，其间，有一个女孩很神秘地问她，作为作家，能不能告诉女孩们"强暴"到底是怎么一回事。五六个女孩都眼巴巴地看着毕淑敏，说大家在她没来之前，已经在教室偷偷商量了这件事想要问问她，想要从她那里得到解答。

毕淑敏好奇她们想要了解这个词的动机，她们说，随着年龄的增长，家长和老师都会不停地提醒她们，"女孩子要好好保护自己的身体，千万不能出意外"，而在电影和小说里，也经常提到一些故事，如果女孩子被强暴了就会痛苦得不想活下去。

在这几个女孩看来，强暴是一件非常可怕的事情，但却没有人可以给她们解释清楚这到底是怎么一回事，她们非常想知道。提问最后，女孩们还补充了一句，"请您不要把我们当成坏女孩"。

最终，毕淑敏还是给女孩们讲了她所理解的"强暴"，可是她也不确定自己解释得对不对、分寸感好不好，心中忐忑不安。所以后来，毕淑敏找到学校校长，希望能找到一位专业的老师来给女孩们讲解这方面的知识。

第二章
知识篇——青春期的知识，容不得忽视

相信你可能也和这些提问的女孩们一样，对很多与性有关的知识内容一知半解，你也可能总是从周围接收到很多"不能""不要""要注意"，却很少看到真正讲解深刻的相关知识内容。所以很多女孩对于性方面的知识懵懂不清，甚至像这些提问的女孩一样，认为询问原本是伤害女性的"强暴"的问题，就可能是"坏女孩"。

这是很可悲的一件事。当我们不能正确认识并详细科学地了解性教育方面的知识时，这种一知半解可能就会让我们在遇到问题时做出错误的回应。比如，不知道性行为的危害，有的女孩甚至会沉迷其中，放任自己稚嫩的身体承受伤害；不知道生理卫生问题的女孩，有可能会在生理期时毫不顾忌地发生性行为，从而给自己的身体埋下隐患；更有女孩可能还会用出卖身体、性交易等方式来换取自己的某种所需；等等。

所以，从现实情况来看，科学有效的性教育对于我们来说非常有必要，不仅能让我们更详细地了解自己的身体，也能帮我们穿上独属于女性的保护铠甲。

关于"性教育"，《辞海》给出的解释是："有关性的教育。包括生理、心理、社会等层面。主要内容包含生理学知识、性别认同的心理发展，以及两性及其他亲密关系的相关知识、态度与行为等。"从这个定义来看，性教育包含了很多方面的详细内容。

这些内容有的可能比较容易接受，比如发育期自己身体

女孩,你要学会保护自己
身体篇

的变化,因为就发生在自己身上,能帮助自己更好成长。

但是有些内容就不一样了,像是男女生殖器官的知识、性行为、生育等知识内容,有些女孩就会因为害羞而拒绝接受,甚至认为这些内容都是污秽的,是不堪入目的。

所以,我们要更全面也更科学理智地去认识性教育,就要先扭转自己内心对性教育的态度,这样接受起来可能会更顺畅,我们也会更愿意发自内心主动地去学习,从而更好地保护自己。

我们为什么要进行性教育呢?

第一,可以使我们获得与年龄增长相一致的有关性心理、生理和感情上的知识。

第二,会对自己和他人在性发展中的种种表现有更客观、理智的态度。

第三,可以消除在性发展和性行为中出现的焦虑、恐惧等种种不良情绪,促进身心健康。

第四,可以帮助我们正确认识与处理两性关系及相关的道德与法律,增加自己性行为的责任感。

第五,帮助建立和谐的婚姻关系和科学文明的性行为,促进社会稳定。

第六,抵御低俗色情作品对身心健康的伤害,促进社会精神文明。

第七,普及优生、优育知识,促进人口素质的提高。

第八,促进人与人之间形成健康的关系,防止性放纵与性犯罪。

性教育是严肃、科学的知识内容,和其他要学的科学知识没有任何不同。而且由于与我们自身关联紧密,性教育可能要比其他知识更为贴近我们的生活。所以我们要理智看待性教育,如果家中父母可以和我们聊这方面的内容,也可以听听他们的建议;如果父母不能给我们提供足够的帮助,我们也要选择正规的渠道更准确地了解性教育。

总之,我们只有认真对待性教育,才会更了解自己的身体,以及自己身体可能会经历的各种情况,从而对身体做出更合适的保护。

第三章 Chapter 3

抵制诱惑篇——青春期的"涩苹果"不能吃

> 进入青春期,荷尔蒙开始发挥它猛烈的"攻势",众多的青春期女孩,在散发自身青春气息的同时,也不得不开始接收来自青春期男孩的信息素的包围与试探。这就是青春期的"诱惑"。这条"诱惑之蛇"会送出表面看似甜美的"爱情果"。如果你失去了理智,不能抵制诱惑,那么你吃进口中的苹果,终将让你体会它甜美背后最真实的苦涩。

第三章

抵制诱惑篇——青春期的"涩苹果"不能吃

 一定要知道那些不能碰触的"禁区"

> 一位王先生在某直播平台看视频的时候,无意间搜到了一个十来岁小女孩的视频,一共4段视频,前两个还很正常,是小女孩的生活学习内容,但第三段视频却让王先生感到吃惊,因为小女孩在视频中突然就开始脱衣服、脱裤子……
>
> 看到这里,王先生觉得这视频影响太不好了,看着这小女孩还未成年,他怀疑她会被坏人利用,于是便直接打电话给直播平台客服,举报了该视频。
>
> 有记者跟踪报道发现,小女孩在视频中展示了一张试卷,试卷上的信息显示小女孩还是小学生。记者随即联系了教育局的工作人员,工作人员在当地警方的协助下,删除了小女孩的不雅视频。
>
> 然而王先生后来又在直播平台上发现了其他违规视频,可是直播却一直都进行得很顺利,也并没有像平台承诺的那样,进行"24小时巡查"。

把自己的生活展现给他人看,从个人自由上来说,这是他人无权干涉的,但是我们却要知道,很多事是有道德准则底线的,也就是存在禁区。尤其是对女孩来说,很多禁区都不可随意触碰,否则就可能给自己带来无穷无尽的麻烦。

就这个直播脱衣的小女孩来说,很难保证有谁看到了

女孩,你要学会保护自己
身体篇

她,有多少人看到了她,看到的人会不会记录传播,对她未来的个人形象、家庭生活带来怎样的影响……这些都是未知的,而且都有可能成为摧毁她的定时炸弹。

所以,我们不能只是拿"年少无知"做挡箭牌,随着身体的成长,自己的知识、思想储备也要一同变得丰富起来,"三观"原则也要逐渐清晰起来。特别是从女性的角度来说,我们就一定要知晓那些理应严格管控的"禁区",也就是知道那些不能碰触的禁区。

对女孩来说,有两类内容可以被看作是不能触碰的禁区。

第一类就是指身体上的部分。比如,胸部、下身等隐私部位,以及裸露在外的身体部位,这些是不能被旁人触碰的;从女孩触碰他人的角度来说,男孩的身体,尤其是男孩的下身部位,也是不能随意触碰的,其他女孩的身体也同样不能随意触碰。

人与人之间存在安全距离,小于这个距离,他人可能会有反感的情绪存在,更何况是动手去触碰。在青春期这个敏感的时期,女孩对异性的触碰有可能引发异性的其他心思,特别是对同龄异性的触碰,你的任何一个不恰当的动作,比如简单的抚摸,他都有可能误解你的动作含义。

而同样都是青春期的女孩,其他女孩也会有害羞的心理,也会有不想被人触碰的想法,所以女孩之间理应更能感同身受,彼此尊重才是最合适的相处之道。

第 三 章
抵制诱惑篇——青春期的"涩苹果"不能吃

第二类则是指内心不能触碰的禁区。比如，过早开始爱情，过早发生性行为，从非正当渠道接触性教育知识，等等。

青春期不要任由"早恋"发展，不能在不合适的年纪发生性行为。这些心理禁区，父母、老师以及很多青春期教育内容中都会反复提及，我们也应该把这些内容牢记在心。

但是非正当渠道接触性教育知识这一禁区，就不是很多女孩能够意识到的了。比如有的女孩会认为，"只要我没早恋、没发生性行为，就不算什么，我不过是好奇那些我感兴趣的东西"。这样的想法也是很危险的。就像前面那个直播脱衣服的小女孩，她很可能就只是对这种直播方式好奇，也想要通过这样的方式获得更多的关注。但是，这种好奇心万万要不得，这是对自己身体的不尊重，是对自己尊严的随意践踏。

除了这种直播，还有的女孩会去看"小黄书"、色情视频等淫秽内容。她们的好奇心被无限放大，虽然没有实际不当的行为，但内心却在不断地堕落。

所以，事关女孩的身心健康，不论是哪一类禁区，我们都要自觉遵守"禁止"规则。正向了解你应该知道的知识，从科学的角度去理解你应该理解的成长内容，不要歪了心思，不要离了正道。这样你的青春期才能更顺利地度过，你也才能为日后的成长打下良好的生理与心理基础，成为一个积极向上而又理智有内涵的好女孩。

女孩,你要学会保护自己
身体篇

千万不要相信各种花言巧语

网上某情感问答专栏,有一个女孩投稿讲述了自己的经历,希望得到帮助:

女孩在社交软件上认识了一名男子。从最初认识开始,男子就很会说话,总是甜言蜜语哄着女孩,这让女孩感觉很美好。结果两人只在社交软件上聊了一个星期就决定见面,这也是女孩第一次与网友见面。

见了面之后,男子依然是各种夸,把女孩哄得非常开心,不仅如此还在商场里给女孩买了一支两百多元的口红,这让女孩开始发自内心地觉得男子好,并且更加喜欢他了。

当天晚上,女孩就和男子去了宾馆,发生了关系。可也就在当天半夜,女孩看到男子的手机上有好几个视频通话请求,对方是男子的女朋友。

女孩还以为自己即将开始一段美妙的爱情,却不想竟然被一个已经有女朋友的渣男欺骗了。女孩想要求助应该怎么躲避渣男,但评论回答却并不太友好,直说她为了甜言蜜语和两百元的口红就"奉献自己",并不是好女孩。

与此同时,在论坛另一个版块的内容讨论中,有网友自曝身边有将"泡女孩"当成业余爱好的同事,说这些人得意洋洋地传授经验,他们惯用的手法无非就是甜言蜜语百般哄,带着女孩吃喝玩乐顺便送送小礼物,接着动手动脚就能轻易得到女孩。尽管手法老套,但却屡试不爽。

第 三 章

抵制诱惑篇——青春期的"涩苹果"不能吃

《诗经·小雅·巧言》中讲"巧言如簧，颜之厚矣"，形容有些能说会道的人脸皮厚，所以他们可以毫不走心地放肆言行，他们的口舌能说出来有如弹奏笙簧一般美妙动听的话语。涉世未深的女孩，就像事例中那位渴望获得美好爱情的女孩一样，还有其他希望能享受追捧的女孩，爱慕虚荣的女孩……这些太过单纯的女孩，很容易陷入花言巧语的陷阱之中。

为什么有的人这么喜欢用花言巧语？

一般人要做某件事，总是会带有某种目的，那么花言巧语的目的，就是想要获得他们希望的"利益"，这个利益可能是女孩态度上的依赖甚和听从，甚至就是想要获得女孩的身体。

为什么他们的花言巧语屡试不爽？

其实仔细分析一下，如果只是花言巧语就能让女孩落入陷阱，那也太容易了。所以，这也是"一个巴掌拍不响"的事情。诚然，我们的确是应该谴责用花言巧语行骗术的坏人，但如果我们自己对花言巧语没有辨别能力，没有坚定的原则底线，被骗也就不可避免。

显然，仅凭我们的力量不大可能去改变他人，不要期待别人可以不再用花言巧语去欺骗，我们没法左右他人。与其那样，我们还不如为自己筑起防线，学会对花言巧语脱敏。就好像下雨天出门，你不可能劝阻老天"你不要下雨了"，但你却可以选择雨伞、雨衣对自我形成防护，这是一个很简单

女孩，你要学会保护自己
身体篇

的道理。

若想不被花言巧语欺骗，我们就要知道这些花言巧语的"套路"。一般来说，这些话语涉及的主要内容有：

第一，夸奖。

夸容貌、夸学识、夸服饰、夸品位、夸谈吐……那些"业务熟练"的人可以夸出不重样的内容来。但是，这样的夸奖其实都不走心，就只是为了实现目的，他们甚至可以违心地说出各种各样你想听的夸奖。

第二，开解。

女孩心思细腻，有时候总会想很多。他们会扮演知心大哥哥、知心叔叔的角色，说出非常温暖的话。然而他们所说的与内心所想可能完全不一样，也许嘴里会很贴心地讲"你是个很细腻的女孩"，可另一边在内心却疯狂吐槽"这女孩真麻烦"。

第三，展示。

利用某些女孩的"慕强"与"爱富"心理，展示自己的能力与财富，再结合一掷千金或很大方的表现，就能很容易吸引那些爱慕虚荣又渴望被宠的女孩的心理。

第四，情感。

对待青春期的女孩，最容易入手的一个角度就是情感角度，懵懂初开的年纪，对感情满满的渴望、期待、好奇，所以随便展示一些"我好喜欢你""你吸引了我全部的目光"之类的恭维，就能轻易攻破情感壁垒脆弱的女孩的内心防线。

第三章
抵制诱惑篇——青春期的"涩苹果"不能吃

……

其实这些套路非常容易破解,只要我们要认清自我,了解自己想要什么、能做到什么地步、可以得到什么、已经拥有什么,简单来说就是,我们要有"自知之明",要能分辨得出对方是真心表达还是只是在无聊地说废话。

同时,我们也要扭转内心对男女之间相处关系的认识,有的女孩认为,女孩就应该依附于男孩去获得一些东西,但事实却恰恰相反,你想要获得什么就必须要付出什么,你能够表现出强大时,他人会给你最宝贵的尊重。

也就是说,女孩一定要自尊、自立、自强起来,你独立自主、坚定认真的样子,会让那些龌龊不轨的人内心有一种不自觉的敬畏,他们更多地都会去接触那些"没有远见""爱贪小便宜"的女孩,而对于更有品位的女孩,他们自己就能知道,花言巧语完全没戏。

所以说到底,要屏蔽花言巧语,我们还是要让自己强大起来,让自己具备分辨花言巧语的能力,通过努力不断让自己变得越来越好,将所接触的人群提升到高水平、高素质的标准线上,做一个有理性而又能自我满足的独立女性,从而最终实现无视无聊的花言巧语的成长目标。

女孩，你要学会保护自己
身体篇

不要因为对方喜欢你，就让他接触你的身体

一位15岁的女孩在论坛提问：

我是一个长得还不错的女孩，经常被同学称呼为班花、校花。同桌男生很早就说喜欢我，我一开始觉得内心酸甜酸甜的。但不知道从什么时候起，同桌就很喜欢摸我。

最开始是在外面，他总会装作不小心地碰我的胳膊、手，有时候还会趁没人注意摸我的脸，还有的时候会暗地里摸我的臀部。后来在教室没人的时候，会伸进我的衣服摸我。我的感觉是紧张，可更多的时候还是困惑。我问过他为什么总要摸我，他说太喜欢我了。

但总被摸来摸去，我也觉得并不合适。我想知道我应该怎么办呢？

很多女孩也会和这位女孩一样，并不能太分得清真正的"喜欢"到底是怎样的，再加上自己对于"我喜欢你"这样的简单情话毫无抵抗力，就很容易出现这种被占了便宜却不知道应该怎么办的情况。

"我太喜欢你了，所以就要触碰你"，不要觉得这样的想法与行为是所谓的"爱情"导致的，是情不自禁、情难自已的表现，恰恰相反，这样的表现其实对女孩非常不尊重。真正的尊重与爱，是会尊重你的全部，不会那么简单直接就动手

第三章

抵制诱惑篇——青春期的"涩苹果"不能吃

动脚,更不会显得如此轻浮。所以事例中的女孩,她的经历已经算是遭遇性骚扰了,完全可以选择报警。

每个人的身体都是自己的私有之物,一般情况下,别人未经你的同意,只是凭借自己的喜欢就触碰了你,这就属于侵犯人身权利。所以,他喜欢你并不是开启触碰身体的密钥,反而应该成为我们提升警惕的一种提醒。尤其是这种只对你的身体表现出极大兴趣的异性,他们的喜欢往往都带着不纯粹的目的。这样的人的喜欢,我们理应唯恐避之不及才是。

我们可以换一个角度来理解,对方的喜欢,只是出自他个人的感受,是他的主观意识,但并不是我们需要接纳的内容。简单来说就是,他有自由喜欢你的权利,但你同样具有不去理会、拒绝这种喜欢的权利。

而且,就算是对方真心的喜欢,但尊重也是喜欢的前提,真正的喜欢应该是欣赏你的内在,是一种想要和你一起变得更好的情感,而不只是贪图你的身体。就算青春期的异性再怎么被荷尔蒙影响,但正派的异性都会用单纯美好的方式来与你相处,而不会一天到晚总盯着你的身体。

所以,不要被那些肤浅的喜欢迷惑了双眼,多和妈妈聊聊什么才是真正的情感,去理解真正美好的情感到底是怎样的。同时,给自己以最大的尊重和保护,不让自己的身体成为换取对方喜欢的筹码。

这里还要再提到一种情况,那就是来自亲戚、长辈的喜

女孩，你要学会保护自己
身体篇

欢与触碰。要知道，所谓的"对方"，不仅指外人，亲戚、长辈也同样被算在内。有的异性亲戚、长辈，有时候就会仗着亲戚的身份来对女孩表现出一些不合适的亲密。比如就曾经有报道说，大连一名10岁的女孩，暑假去姑姑家玩，结果却遭遇了姑父的两次强暴。

所以即便是亲戚，我们也同样要记得与他们保持身体的距离，简单的摸头、拍肩，一触即分的触碰，这些是可以的，但如果对方总是找借口来触碰我们的身体，或者长时间地搂抱、抚摸，或者让我们坐在他们身上的话，这时我们就要提高警惕了。即便是亲戚，我们也要远离。这时候可以去找女性亲戚，或者多和爸爸妈妈在一起。但不论怎样，都要把这种情况和爸爸妈妈讲清楚，不要觉得不好意思，保护好自己才是最重要的，至于说亲戚之间怎么去协调处理这件事，那就是成年人之间的事情了。

第 三 章

抵制诱惑篇——青春期的"涩苹果"不能吃

 在心理上不把男女"亲昵交往"视为儿戏

> 网上曾经流传这样一组图片,引发了众多网友的讨论。
>
> 图片显示,两位身穿校服的初中男女同学,在公交车站等车的时候,忽然开始了亲密行为。女生起身跨坐在男生身上,男生双臂把女生圈在怀里。两人旁若无人地说笑,但动作太过于亲密,让周围的成年人都有些看不下去。
>
> 终于,站在他们旁边的大叔忍不住了,直接走上前对着两位初中生好一顿说,指责他们不顾公共道德,行为举止极为不雅。
>
> 两位初中生也感觉到了周围人投来的异样目光,意识到在大庭广众之下,自己的这种行为的确有碍观瞻,男生立刻松开了手臂,女生也迅速地从男生身上下来,两人都恢复了正常坐姿。

"亲昵"这词,是指人与人之间关系非常亲密。也许是受到了一些影视剧或小说的影响,有的女孩会在自己内心设立一条比较容易被突破的底线,那就是男女之间的亲昵交往,并不属于被严控的范围。

所以,有的女孩会毫不顾忌与男生勾肩搭背、挨挨蹭蹭,甚至会觉得"又不是发生什么实质性的接触,没有什么好大惊小怪的"。事例中的两名初中生,便毫不顾忌这种亲密

女孩，你要学会保护自己
身体篇

行为的表现，他们可能只顾及了自己一时的开心，却完全没想到这对于周围、对于他们自身所带来的影响。

十几岁的年纪，男女之间的交往并不能等同于儿戏，牵手、拥抱等亲密行为也并不是小事一桩。因为从真正的爱情的角度来说，这些行为都包含着深沉的爱意，太过不在乎的话，从情感上来说，你会错过很多令你感到喜悦的心情。未来你真的去经历爱情时，这些过早的经历就会破坏掉你对情感的深刻体会，这其实也是另一层面的情感预支，并不利于你日后真正情感的发展。

而放到青春期这个时段来说，作为女孩，你这种表现就等同于随便，这种从心理上就把"异性亲昵交往"归于无所谓的态度，很容易会给那些本就心怀不轨的人带来可乘之机。因为你越不在乎，他就会越发放肆。而一旦他掌握了你的态度，再加上他拥有超越你的控制力量，到那时吃亏的可就只有你了。

其实说到底，还是需要我们自我尊重，尊重自己的身体，尊重自己的情感发展，不要走得那么快，要让自己的人生一步一个脚印，对所有事情都按部就班地去感受。那么在现阶段，我们要做的应该是好好学习，好好感受当下青春飞扬的人生，而不应该局限于这种亲亲抱抱之类的一时快感。

如果有异性对你表现出亲昵来，你要学会拒绝。

首先，真正发自内心对你有好感的人是不会这么轻易就想要触碰你的，也不会那么随便地就和你表现出多么亲昵。

第三章

抵制诱惑篇——青春期的"涩苹果"不能吃

所以，凡是那些一上来就动手动脚的人，你基本上已经可以排除他们有真心的可能了。

其次，真正尊重你、喜欢你的人，多半都会把是否能触碰你的主动权交到你的手上，他们不小心触碰你是会非常害羞的，是会感觉到冒犯你的。所以，这时最需要的是你的底线，面对对方的尊重，你也应该予以同等的尊重。尊重自己的身体，同时也尊重对方的情感。

最后，假如对方想用"霸道"模式的表现来强势触碰你，那么你完全可以采取自卫的态度来对待他，明确拒绝，选择合适的器物工具来保护自己，在更严重的情况下，寻求老师、父母的帮助，或者报警。

我们要明白，很多时候你的态度往往也会决定你的遭遇，这也是一种因果关系。我们不能期盼坏人良心发现，很多时候，坏人所表现出来的强势与疯狂，是我们的体格能力所无法应对的，所以时刻注意提升自己的警惕心，防患于未然，让自己能提早躲开这些不必要的伤害，还是非常重要的。

还有一点要注意，有些女孩会产生错误的攀比心理，比如有的女孩会以"有没有过KISS"来建立自己朋友圈的准入标准，如果听说谁连"KISS"都没有过，就联合自己的小团体集体嘲笑对方；还有的女孩更严重，将是否有过性行为当成是"成熟、有魅力"的标志，她们甚至会以此作为个人"资本"。

对于这一点,我们自己要坚定内心的原则,这样的小团体,不去加入也没什么;这样的交友观点,不去接纳也完全没有问题。不能随意与异性过度亲昵,这个原则是正确的。我们要坚定这样的原则,可以不去规劝他人必须和自己一样,但要坚持下去,也许就能找到和自己有同样观点的人,并建立更健康、积极的友谊关系。

第 三 章

抵制诱惑篇——青春期的"涩苹果"不能吃

 苹果熟了才是甜的——"早恋"与延迟满足

上海的一位妈妈向老师求助说,她的女儿已经上初三了,可却在她不知道的时候与同学早恋。妈妈发现女儿早恋之后,一气之下找到了女儿的学校,多方打听找到女儿的早恋对象,并警告那个男生,以后不要再和女儿有来往了,否则她就要请老师和男生的家长介入这件事。

女儿知道妈妈的做法之后,觉得面子都被丢尽了,而她和那个男生的感情却因为妈妈的这种做法而变得更加坚定了。一气之下,和男生一起离家出走了。

后来两家联合一起寻找,两个月之后才找到了两个孩子,但谁也没想到的是,此时这位上海妈妈的女儿居然已经怀孕了。

另一位妈妈也同样找老师求助。她的女儿在初二的时候,对班里新来的男生印象非常好。男生对女儿经常微笑,主动和她搭话,还会和她一起讨论学习上的问题。中午的时候,男生也经常找女儿一起吃饭。后来一次假期,男生旅游回来带了几个吉祥物钥匙链,还送了女儿一个。她觉得这是男孩送她的定情信物,更加相信了男孩喜欢自己,而自己也一直都非常喜欢他。

但是有一天,妈妈发现女儿一直在哭,原来女儿看见那名男生又和另一位女生说笑打闹,还坐在一起吃饭。她觉得

女孩,你要学会保护自己
身体篇

> 男生背叛了自己。从那天起,她不只是哭,还气得连学都不想上,家也不想回了。

都是因为"早恋",两个女孩都走入极端,而最伤心的人是谁?显然不只是这两个深陷所谓的"恋爱"之中的女孩,还有她们的妈妈,以及其他家人。由此可见,当我们在不恰当的时间就开启"恋爱模式"时,这种情感的发展不仅不会让我们感受到它本来应有的甜蜜,反而充满了烦恼和苦涩。

在父母看来,"早恋"是一个负面词,所以他们一定会对这件事严防死守,生怕孩子会触碰到这个禁忌。然而从生长发育的规律上来讲,"早恋"其实是一种正常的情感发育过程。

进入青春期之后,身体的发育、荷尔蒙的改变,自然就会促使人对异性产生各种各样的好奇与关注,所以此时对异性产生好感,是我们身体自然的变化而引发的自然情感发展。这个时候对异性的好感,恰恰也证明了我们的情感发育是正常的。

不过话又说回来,情感发展过程虽然是正常的,却并不代表我们就可以任由它发展下去。青春期到来的时候,恰恰也是我们学业的关键期,如果只关注了自己的情感而错过了这个关键期,那么我们的学业难免会变得非常吃力,很有可能影响我们后续的工作、生活乃至人生的发展。所以一心为了我们好的父母,才会对这个关键时期格外看中,我们也要

第 三 章
抵制诱惑篇——青春期的"涩苹果"不能吃

体谅他们的苦心。

重要的是，从对自己好的角度来思考一下，我们就会发现，我们自己此时根本没有任何资本可以支撑这段情感的发展。

论能力，我们才只是十几岁的孩子，除非极其特殊的情况，我们基本上只能做到生活自理。论财力，先不说有禁止雇用未成年人工作的法律法规，更重要的是绝大多数人在这个年龄并无一技之长，缺少工作能力，所有大部分的钱财支出要完全依靠父母家人。连最基本的经济基础都没有，何来感情基础的建立？至于说情感维系，这时候的情感都只是一种萌芽状态，我们完全只是充满好奇，好奇书上写的那种"甜蜜"是什么感觉的，好奇影视剧演出来的那种爱情美好的"粉红泡泡"到底是什么样子的。所以，我们此时的情感多半都是一种模仿，是一种幻想，并不是真的发自内心地去认真经营一段感情。

简单来说，"早恋"看上去可能是"美好的"，因为它没有任何额外的压力，不需要考虑现实生活，完全靠两颗年轻的心碰撞，体验当下飘在半空的种种探索。

然而这种空中楼阁式的情感发展，终归是不牢固的，如果不能把这个只靠着一时情感冲动吹起来的气球用现实的绳子拉回到地面，它就会在飞到半空时炸裂成碎片，让两个人都伤痕累累。

那我们就干脆压抑内心的情感，斩断这份念想吗？这样

女孩，你要学会保护自己
身体篇

说也的确是有些残忍。青春期的情感发展，不是所有十几岁的人都可以理智控制的，完全地、毫无任何缘由地压抑它，只会给人带来痛苦，毕竟此时我们的思想也在充实，我们可思考的东西也的确变多了。

早恋其实就相当于我们情感发展这棵大树上出现了一颗尚未发育成熟的青色的苹果，如果过早地采摘下来，苹果又青又小，可能闻起来还可以，但吃起来绝对是酸涩的，而且过早摘果，对树本身也是一种伤害；但如果耐心等待，给它充足的光照，给它充足的养分滋养，让它经历足够的风雨滋润，假以时日，待到真正成熟的时期，再去将苹果摘下来，它的美味足以令人沉醉。

放到实际中来看，我们尊重早恋情感的萌发，但却要能够克制它，去对未来有一些更切实际的计划。父母真实的爱情生活多半也会告诉我们，两个人是要相互扶持才能继续生活下去的，两个人都要有担当才能保证情感和谐、家庭和睦，而要实现这些，两个人都要有足够的能力。

能力从哪儿来？当然是从当下的好好学习中来。有的学霸情侣的发展也很不错，这个事实证明，青春期的情感，并不是不可理性地发展。但这里有一个前提，就是双方都是理性的、理智的。所以，可以把这份美好放在心底，当成是前进的动力。

对于女孩来说，这种动力非常有必要，当你愿意为了自己变得更好而不断努力时，你会迅速变得成熟起来，因为你的学识能力的积累让你内心对情感对等的判断更加明晰，你会从最初简单的"他长得好帅"这个情感基础迅速攀升，进而发展为"他学习真好""他有上进心""他好努力""他正在不断前进""他人品特好"。为了能够获得与对方匹配的实力，那么你也会更加努力。这才是一种良性的情感进展。

所以，早恋不可怕，只要我们明晰情感发展的基础，意识到怎样做才是真正对自己好，我们一定也可以做出正确的选择，让自己的情感发展得更有理性。

女孩，你要学会保护自己
身体篇

"裸贷"背后隐藏着极大的危险

山东女生小舒在甘肃上大学，2015年6月，因为想要删除自己的手机通话记录，她通过网络搜索到一家公司，却不想被诈骗了4万元。这4万元都是小舒从朋友那里借来的，为了偿还债务，小舒通过QQ认识了放贷人蔡某，借到了3000元，周息为30%。

然而还是学生的小舒根本没有足够的能力偿还贷款，到了期限拿不出钱，小舒被威胁了，不得已之下她将自己的裸照压给了蔡某。

此后，小舒还是想尽办法以支付宝转账的方式还清了所有欠款，但是蔡某手中有她的裸照，并通知她想要消除"裸条"，必须要去广东当面消，否则这些裸照就会被公布。小舒果断不予理睬，并与对方断了联系，对方才没有采取进一步措施。

但仅过了一年多，2016年7月，小舒又一次经历了裸贷。还是因为欠朋友的钱，为了还款，小舒在QQ上又认识了中介王某，抵押裸照借款3000元。在家人帮助下，小舒在当年9月还清所有欠款近5万元，又向王某说了很多好话，才没让她的裸照满天飞。

这两次"裸贷"都给小舒带来了巨大的心理压力，她曾经数次尝试自杀。

第 三 章

抵制诱惑篇——青春期的"涩苹果"不能吃

然而事情还没完,就在2016年12月底,小舒又开始了第三次裸贷,这次不仅押上了裸照,还押上了运营商通话记录截图,结果放贷者手中握有了小舒的手机通信录,尽管这次欠款不多,但小舒非常有压力。放贷者威胁她必须在某时间之前前往某地见面,否则就把她的裸照在朋友圈里公布。

走投无路的小舒不得不向媒体求助,由媒体联系警方展开调查,这才帮助她走出了险境。

"裸贷"是最近几年开始"风行"的一种贷款方式,就是在借款时,借款人要手持身份证及裸体照片来替代借条。一旦发生借款人违约不还款时,放贷人就以公开裸体照片和与借款人父母联系的手段作为要挟,逼迫借款人还款。

从小舒的经历来看,她就像陷入了一个无限循环,花钱,欠钱,裸贷,被威胁,痛苦,然后再继续绕回原点重新开始。然而"裸贷"哪里是那么容易摆脱得清的?小舒的最后一次裸贷由警方介入,才使得她逃脱了威胁。然而前两次呢?她的裸照,她身体的隐私,终究还是落在两个完全不认识的人手中,她找不到他们,也不想见他们,看似是与他们断了联系,可她的容貌身体,她的身份信息,却还是被两人握在手中,就像是两个暗藏的炸弹,说不准什么时候会引爆,继续给她带来威胁。

有律师对"裸贷"进行过分析解读,"裸贷"其实属于高利贷的一种,尽管它在互联网平台进行交易,然而实际上是属

女孩，你要学会保护自己
身体篇

于个人的私下交易，并不具有法律效应。而且裸照本身也不是物品，不能当作抵押物，所以这种抵押行为也是无效的。

最重要的是，裸贷对女孩带来的巨大心理压力恐怕并不能那么容易清除，否则也不会有那么多新闻报道提到裸贷女孩自杀的事件了。

所以只有一句话，"裸贷"是可怕的，不要只为了身外之物，就用自己宝贵的身体隐私去交换，你永远无法知晓"裸贷"背后可能带给你的危险到底会是怎样的程度。

既然如此，我们就要躲开"裸贷"这个陷阱。

第一，认识自身的经济财力，不虚荣，不盲目。

"裸贷"女孩借贷的原因，都非常简单，就是"钱不够花"，进行了超出自己财力可承受范围的消费，导致自己负债累累。然而这种消费显然也超出了家庭承受范围，或者她们并不愿意这样的消费方式为家人所知晓，所以她们只能自己想办法解决、而随意放一张照片就能拿到钱，这对于一些目光短浅的女孩来说，似乎是一个非常快速的来钱渠道。

那么要拒绝"裸贷"，第一点就是要求我们一定要对自己有"自知之明"，自家经济情况如何是已经摆在那里的，你所能拿到的零花钱到底有多少，也应该心里有数。俗话说，富日子富过，穷日子穷过，你手里有多少钱，你就过这些钱可控的日子。

女孩之间的艳羡、攀比最要不得，他人有的你不一定非要有，你完全可以选择最适合你的、让你能轻松愉快的生活

第 三 章
抵制诱惑篇——青春期的"涩苹果"不能吃

方式,而不一定要跟着别人的节奏走。要做到不虚荣、不盲目,认清自己,做好自己,你的生活自然也不会与"裸贷"产生瓜葛。

第二,把精力放在该放的地方,理性消费。

经历"裸贷"或者频繁"裸贷"的女孩,她们中的绝大多数人都不会是因为正当途径用钱而深陷"裸贷"。就像前面的小舒,她之所以要"裸贷",全都是因为自己花费超标,或者自己的需求不能满足,但又没法从正常途径继续向家人要钱,所以才选择"裸贷"。

而实际上,如果全部精力都用在学习上,用在提升自我能力上,那么你其实并不会产生那么多的消费需求。你的消费多半都是学习用具与资料的消费,以及日常正常的生活需求消费,父母给的零花钱再加上你自己可能获得的奖学金等,应该是足够了。如果你再能进行理性消费,学会精打细算,那么你怎么都不会出现"缺钱"的情况。

所以归根结底还是要看你自己,要意识到自己当下应该做的事情,把时间精力都分配给该做的事情,好好规划自己的生活学习才是最重要的。

第三,即便真有需求,也要寻找合法正规的借贷方式。

不能否认人总会遇到突发情况,或者不可抗力,那么真的遇到问题,真的有需求的时候,我们也要寻找合法正规的借贷方式。

比如,校园中可能有勤工俭学,也会有助学贷款,或者

进行正规的银行借贷,也可以通过父母的帮助。总之,不要想着只靠自己去解决,凡是涉及钱财问题,都要正视起来,也要谨慎起来,要寻找有法律保障的地方去借贷,这也是对自己的一种保护。

第 三 章

抵制诱惑篇——青春期的"涩苹果"不能吃

尽量少或者不涉足所谓的"网络直播"

广东省化州市的黎先生向媒体曝料，说自己注册登录了一家直播网站，然而当他登录直播平台时，却发现里面含有大量的黄色内容，尺度之大令人咋舌。

重点是，黎先生在这些直播视频中，看到了很多十二三岁的小姑娘，就在这个直播平台上露大腿、露臀部，如果有人发礼物给她，她还会暴露更多。

黎先生感到非常震惊，因为这样的直播平台并不是所有人都能直接注册，而是只随机对部分用户开放注册，那么这些小姑娘到底是怎么进驻这样的平台的，背后到底有怎样的利益关系？想想令人感到恐惧。而且，这些色情直播内容有时候也藏得比较隐蔽，不那么容易被揪出来。

看着这些本该是天真烂漫的小姑娘，却做着这样龌龊的事情，黎先生希望有关部门能够查封这样的直播平台，加强监管，不要再让这样的内容危害社会。

网络直播大致可以分为两类：一类是在网上提供电视信号进行观看，比如一些大型赛事、演唱会等的网络直播，相当于网络电视；而另一类，才是我们现如今更为关注的，即"在现场架设独立的信号采集设备（音频+视频）导入导播端（导播设备或平台），再通过网络上传至服务器，发布至网

女孩,你要学会保护自己
身体篇

址供人观看"。

不能否认网络直播的确改变了很多人的生活方式,直播卖货让人可以不用在眼花缭乱的货物中去自己选择决定,主播就会给我们最好的推荐;直播讲课也让我们有了课堂之外的另一种听课方式,还可以在线答疑;直播唱歌、吃东西以及其他一些娱乐内容,则让我们近距离地观看欣赏他人有趣的生活。

而对于直播的主播来说,直播不仅可以展示自我、增加人气,最重要的是直播可以有收入,且人气越高收入越高,仅就这一点来说,对很多想要参与直播的人非常具有吸引力。

但每一样事物在好的一面背后,也会有其令人担忧的一面。网络直播最令人担忧的一类内容,正是色情直播。而且大多数的色情直播都是女性直播,年轻的女孩们在镜头前穿着暴露、搔首弄姿,甚至还有的做出更加不雅的动作、行为。

尤其是有些人还更愿意看这样的内容,直播内容越不雅,打赏越多,主播赚的钱越多。在某些女孩看来,不过是在镜头前做做动作,也不用费什么脑力、体力,就能赚来很多钱,她们几乎毫不犹豫地就去做了。

可能有的主播女孩会说,"我不会这么做的"。但就曾经有女孩表示,自己开了网络直播,只是唱唱歌、聊聊天,基本没什么粉丝来,自己根本赚不到钱,可是只要某天自己穿

第三章

抵制诱惑篇——青春期的"涩苹果"不能吃

得暴露一些,说一些露骨的话,就有人狂刷礼物。你看,面对这样明显的收入差距,有多少人可以控制得住自己的本心呢?

而且,网络直播行业本身也并不那么干净。

比如,新闻报道中曾提到这样一件事:高三女生小王在参加高考之后想要找一份网络主播做兼职,给自己挣一些学费。她在招聘网站上递交了简历之后,一位自称是某网络公司负责人的男子联系了她。不久后,小王去当地一家五星级酒店进行了"面试",负责人表示同意接纳她开始工作,但需要她在支付宝内存5万元以观察其信用度。小王毫不犹豫地同意了,并在亲戚朋友那里东拼西凑借齐了钱存进了支付宝。紧接着,负责人又称需要在小王的手机上安装一个直播软件,然后拿走了她的手机。结果,小王支付宝中的5万元很快不见了,负责人也有去无回。小王随即报了警,这才将犯罪嫌疑人抓获。

再比如,网络直播平台毫不顾忌地投放大量抓人眼球的内容。2018年时,一些视频网站上出现了大量少女妈妈、早孕妈妈的内容,像是"全网最小二胎妈妈,14岁就拥有了自己的小孩,16岁独自带二胎孩子"这样抓人眼球的内容屡见不鲜。这样的平台乱象不仅扰乱社会,更让那些参与直播的女孩深陷舆论旋涡。

所以,对于这种鱼龙混杂的行业,其实有一个最简单的解决办法,那就是尽量少地去参与网络直播,或者说干脆就

女孩，你要学会保护自己

身体篇

不要参与。

  毕竟现在我们的主要任务并不是赚钱，也并不需要把自己的生活直播给那么多人看。如果你真的想要去做，如果你只当成是一种体验，当成是一种让自己放松休闲的方式，就一定要展示积极正向的内容。

  作为女孩，一定要尊重自己的身体，记住这样一句话，"网络是有记忆的"，不要觉得自己没几个粉丝，只是给少数人看，或者觉得自己只不过是尝试一下，不会有什么不良影响。网络极快的传播速度是我们不可想象的，不要在网络里留下这样不可磨灭的污点。

  接纳任何新生事物都无可厚非，但要在理智的状态下去接纳，要有自己基本的道德底线。同时，进行网络直播也要有时间限制，不要将其当成是你生活中的主业，不要被利益和粉丝的增长冲昏了头，要时刻保持清醒，好好经营你该去经营的主业——读书学习。至于其他的事情，等到你慢慢成熟之后，自然就能分辨什么是自己可以做的了。

第 三 章

抵制诱惑篇——青春期的"涩苹果"不能吃

 不要被帅男孩的"帅"迷惑

贵州省贵阳市的高三女生小红最大的爱好是在家里打游戏,她最喜欢韩国的一名电竞职业选手D,认为他不仅打游戏技术好,而且人也超帅。因为技术超群,D被国内的直播平台看中,将其签约成旗下主播。

小红最大的心愿就是要见一见自己迷恋的这位帅哥。因为查到直播平台总部在广州,小红就以为D也在广州生活。于是在高考结束之后,小红就准备去广州"圆梦"。

高考刚结束,小红就激动地想要去广州,可是父母并不同意,觉得一个女孩自己去那么远的地方很不放心。但小红铁了心一定要去,几天后趁着父母上班,她自己一个人悄悄登上了前往广州的火车。

到广州后,小红还是打电话告诉了父母她的去向,她告知父母自己马上要乘坐大巴前往直播平台总部。鉴于小红人已经到了广州,父母无奈之下也只能叮嘱她注意安全、早点回家。但就是这通电话,让小红被坏人盯上了。

那人跟着小红上了同一班大巴,故意坐在她身边和她搭讪,并谎称自己有朋友就在平台公司大楼上班,可以陪她一起去。那人还假装和朋友通话,说D居住的小区就离得不远。小红半信半疑地跟着那人下了车,但那人却领着她向偏僻的巷子走去,小红察觉不对劲,扭头就跑,结果还弄丢了

女孩，你要学会保护自己
身体篇

> 钱包。
>
> 　　此时的小红已经身无分文，又不知道该怎么办，无奈之下只得和父母联系，父母连夜赶到广州将她接回了家。

　　爱美之心，人皆有之。然而对美的欣赏应该是一种理智的欣赏，就像女孩的"外在美不能代表全部美"一样，男孩的"帅"也只是他外在形象的赏心悦目，不要因为外表的"帅"就认为对方是"完美无缺"的人，也不要因为对方的"帅"而导致我们无暇顾及其他，甚至不管不顾自身的健康与安全。

　　况且，有一些长得帅的人的确是很会借用自己的容貌优势，来实现自己不可告人的目的。

　　比如，就曾经有男性利用自己的一张帅脸，吸引女孩上钩，然后诈骗对方钱财，最后再一走了之，接着寻找下一个目标，而被骗的女孩却都认为"他太帅了，我心甘情愿为他花钱"。

　　这还只是破费钱财，更有甚者引得女孩们纷纷献身，交出自己最宝贵的身体，对对方百般依赖顺从，这样的女孩就已经是放弃了自己的尊严了。

　　我们到底应该怎样去面对这世间的美景，也是个很现实的问题。如果你过分痴迷于其中，那么你的大脑就只能接收到美景所带来的愉悦，其他的东西都会被你自动屏蔽掉，这是非常危险的。

　　就像现在个别女孩为了追逐帅气的偶像明星，废寝忘食

第三章
抵制诱惑篇——青春期的"涩苹果"不能吃

不说,还会跟踪、偷窥,甚至非法闯入对方的住所,偷取对方的贴身之物,购买对方的电话号码、身份信息,肆意更改对方的航班等,变身为"私生粉"。看看网络新闻中不断提到的"××明星斥责私生"的问题,就能看得出这样的女孩已经没了道德底线,甚至向违法犯罪的边缘不断试探。

现实中有一些女孩要么是被"帅哥"迷惑欺骗,导致自己受到伤害;要么是过度放任自己对"帅哥"的喜爱,结果使得内心扭曲,自己反而变成了施害者。

所以,进入青春期,我们的思想也一定要跟着身体的发育成长一起成长起来,对一切美好的欣赏,都应该建立在合理的"三观"之上,要给自己设立好道德底线。

比如,你需要意识到每个人的美都是独特的,对方的美是对方的,但你自己也有属于自己的美,所以不要放弃自我追逐其他,先爱自己,然后才有能力去爱他人。

比如,要有自知之明,因为没有人会无缘无故对你过分的好,保持内心清明,想要得到什么就先去自己努力,而不要太过于依赖和信任那些不停在你面前"刷脸"的人。

你也要明白,很多帅气的人也是有内涵的,他们也不只是仅凭一张脸就能行走世间的。就像有些明星偶像,他们也是在很努力地为自己的人生而奋斗,那么你就应该去关注他不断前行的身影,而不只是停在"注重颜值"的肤浅阶段。你从明星偶像身上学到的应该是积极正向的东西,是要跟着他的脚步让自己变得更好。

女孩,你要学会保护自己
身体篇

 总之,帅男孩的存在让你能看得到这个世界的某种美好,但你要保持内心的清醒,不迷惑,不偏激,懂得欣赏,也懂得尊重。最主要的是,你应该把更多的精力投放到自己身上,当你自己越来越强大时,就会发现周围的美其实都拥有更深刻的内涵,而你也终将遇到属于你的最美的风景。

第三章
抵制诱惑篇——青春期的"涩苹果"不能吃

 正确应对网络中的各种或显或隐的"性信息"

2018年3月,英国《每日邮报》报道说,由于网站缺乏年龄限制体系来阻止儿童访问色情内容,所以尽管是出于偶然,但儿童却时常会接触到色情图像。有研究发现,英国有46%的青少年表示他们曾经看过色情图片,首次接触往往都是因为屏幕上弹出的图片,或者通过社交媒体和电子邮件发送的链接。

比如,有一名11岁的女孩就说,她无意中打开了一个邮件接收到的链接,结果发现那是色情内容。从那之后,她就会收到大量的色情网站电子邮件,并沉迷于其中。另一名十几岁的女孩则说,自从看到了色情图片之后她就觉得非常没有安全感,因为那些女孩都非常漂亮,这使得她觉得自己肥胖丑陋,非常自卑,感到痛苦和沮丧。

不只是外国,我们国内也是如此,比如有一位妈妈就发现13岁女儿的手机浏览器中,曾经有过一些明星的不雅照片的网页。在询问女儿时,女儿慌张极了,原来她也并非有意去浏览这些不雅网页,只不过是这些网页中有自己喜欢的明星照片。很多色情图片都会自动跳出来,她不小心就会碰到、点进去。

有关统计显示,曾经有22%左右的孩子访问过成人网站。

女孩,你要学会保护自己
身体篇

尽管有所谓的"统计数据",但是,这些数据并不代表只有这些孩子接触过网络上的"性信息",更多的孩子可能都曾经偷偷地、不愿为人所知地点击过类似的内容。

不得不说,网络的普及和信息传播速度的加快,使得很多信息总是在人毫无防备的时候入侵。现在的网页上,时不时都会有或隐或现的"性信息"冒出来,很多成年人尚且都不能抵抗这信息的诱惑,更何况身处青春期、刚好对两性关系充满好奇心的孩子了。

但是仅就现在来看,没有人可以完全屏蔽这些内容,或者说,哪怕你在家里屏蔽掉了,可是当你外出时,又会在别的地方看到它。

举一个简单的例子,同样是性感内衣模特的图片,放在网络上,作为弹出广告蹦出来,很多人会觉得,"这就是个色情信息",可是在现实生活中,它还可能出现在电视广告里,出现在街边的商店橱窗中,因为它在这种特定的环境背景下,就真的只是"内衣广告用图",是商家用来进行宣传的一种手段。

你看,这就是一种客观存在的东西。如何不因它而产生过度的内心波动,或者说,如何在有了内心波动的同时很好地克制这种波动,然后转移注意力去关注其他积极正向的事情,那就全要看我们的内心是不是有道德底线,是不是有良好的自控能力了。

关于性的内容,在生活中总会出现,这其实是不可避免

第 三 章
抵制诱惑篇——青春期的"涩苹果"不能吃

的，不良性信息的确是应该被视为"洪水猛兽"。那么，我们有没有办法来保证自己不受其害呢？自然是有的。

第一，从正确渠道了解正当的性知识，冲淡不必要的好奇心。

医生为什么面对病人的裸体，甚至是直面病人的性器官时，都能严肃认真地去做自己的工作？因为他们内心明白，他们面对的是病人，他们内心首先有医德，这是需要他们去救治的人；他们面对的是需要救治的身体，需要动手操作，祛除病痛；他们眼中更多看到的是医学知识与病人症状的对应，脑中想到的是正确解决问题的方法。

同样道理，当我们明了科学的性知识之后，那些或明或隐的性信息在我们这里其实就很鸡肋了。因为我们早就知道男女身体的发育状态，早就知道男女会因为"异性相吸"而出现怎样的反应，所以这些东西已经不足以激发我们的好奇心，我们自然也就能"视而不见"了。

第二，在内心建立起良好的道德底线，学会自我约束。

什么事可以做，什么事不可以做？我们一定要在内心建立起一个道德底线，这就是一种自我约束。因为你的道德底线只有自己知晓，能不能维持得住这个底线，也全看你自己是不是能够有决心、有毅力了。

《礼记·礼运》中讲："饮食男女，人之大欲存焉。"可见"色欲"对于人会有极大的影响，但是任由欲望横行吗？当然不是了，在这句话之后，还提到了"人藏其心，不可测度

女孩,你要学会保护自己
身体篇

也,美恶皆在其心不见其色也,欲一以穷之,舍礼何以哉?"意思就是,人的真心难以揣测,欲望也会被藏在内心深处,人的欲望是需要用"礼"来加以管束的,所以孔子提倡"非礼勿视",不好的东西不要主动去看。

那么这个"不好"怎么界定?当然就是由现有的公德再结合我们内心的道德标准来界定。这就要求我们明白,在和谐正常的社会环境之下,怎样的行为是不被允许的,我们也要遵守这样的规则,用良好的道德规则来约束自我,才能无愧于己,也无愧于社会。

第三,远离可能带来这些信息的朋友,尊重并维护自己的本心。

就如前面所说,我们处在这样一个复杂的社会大环境之下,周遭会呈现怎样的信息并不能由我们自己控制。所以,就算我们自己不看,但我们的手机通讯录中有那么多的朋友,他们也可能会出其不意地"分享"他们认为刺激好玩的含有性信息的内容。

对于这样的朋友,我们可以表达自己对这类信息的拒绝,不要觉得如果不接纳这信息就是不合群。恰恰相反,我们没必要为了追求这样的接纳就降低自己的道德底线。通过这些内容,反而是帮我们认清了周围的朋友到底是不是和我们具有同样的底线原则,真正的"三观"相合的好朋友,应该会和我们一样屏蔽不良内容。

第三章
抵制诱惑篇——青春期的"涩苹果"不能吃

所以此时,我们最应该做的是尊重并维护自己的本心,不要被不良友情绑架,损友永远只能拖后腿,倒不如趁此机会斩断不良友情,将大把时间投入提升自我,积极寻求益友来建立更高端的友情。

第四章
Chapter 4

隐私保护篇——务必保护好身体的隐私

> 有人说信息社会将我们置身于一个"透明"的时代，我们的各种信息都在网络上留下痕迹，其中也可能包括与身体有关的各种信息。然而这种"透明"并不完全是被动的，很多时候也是我们自己打开了隐私的防护门。所以为了能更好地保护自己，我们务必要想办法更科学地保护好身体的隐私。

第四章

隐私保护篇——务必保护好身体的隐私

 在宾馆、试衣间等私密场所防止被偷拍

2019年6月15日下午,深圳女孩小钟在某购物街一家商店的试衣间试衣服,偶然间发现试衣间的试衣镜上有一个芝麻大小的黑点。小钟踩到试衣凳上,推了推那个黑点,发现是用口香糖粘着的,她把小黑点推了上去,下来后继续试衣服。

可是小钟越想越不对劲,她就又踩在凳了上,拽了拽那个黑点,结果发现黑点是一个被口香糖包裹着的黑色小方块,后面连着一条线,整个装置摸上去微微发热。

小钟惊恐万分,连忙叫来了店长,店长把小方块和连线一并都扯下来才发现,这是一个微型的线盒,里面包含针孔摄像头、内存卡、电源等一整套设备。发现摄像头后小钟不寒而栗,不敢想象自己刚才脱衣穿衣的过程是不是早就被人看了去。

小钟和店长随即报警,店长表示,藏有摄像头的线槽工具并不是店中的物品,店中也绝对不会在试衣间安装摄像头,推测应该是偷拍者借着试衣服的机会,在试衣间里安装了偷拍设备。

警方随即介入调查,经过3天侦查,成功逮捕了放置偷拍摄像头的男子。这位28岁的男子是某科技公司的一名职员,只因为有偷窥的嗜好,就做出了这等令人不齿的事情。警方对其做出了依法刑事拘留的处理。

小钟所害怕的,其实也是众多女孩所害怕的。在人流量如此大的购物街,大家都专注于购物,匆匆忙忙地试衣服,匆匆忙忙地离开,能够发现这样细小物品的概率太低了,而这也给偷拍者"制造"了可以肆意妄为的机会。

除了试衣间,宾馆、公共卫生间、出租屋等地方,都是偷拍的高发区域,偷拍设备也被安置在各种令人意想不到的地方,一些女孩试衣、如厕、洗澡以及其他生活的方方面面,可能都会"被迫"供人欣赏,甚至于在网络上传播。

这件事极其可怕,没有人会愿意在自己不知情的情况下就向他人展露自己的隐私。尤其是女孩,身体被当作展品一样供人随意"欣赏",这对于女孩是一种侮辱。

然而从新闻报道中我们也能发现,这种龌龊的事情并不是偶然发生,尽管有国家的法律法规予以严惩,但作为普通人的我们,也要想办法加强自身的主动防范意识,尽量减少这类事情在自己身上发生的可能性。如果每个女孩都能加强对自身隐私的保护意识,懂得防偷拍的小技巧,也许偷拍的"市场"会因为再也拍不到东西而变得"冷清"起来。

我们可以这样来做:

第一,进入公共场合供人频繁使用的私密场所时,要注意观察。

前面事例中的小钟姑娘,是她的细心和多思,让她最终揭露了这次的偷拍事件。但有的女孩却并没有这么细心,更多的人会只专注于自己的事,去试衣间就只在意衣服好不好

第四章
隐私保护篇——务必保护好身体的隐私

看,去卫生间就只顾着刷手机、补妆容,住宾馆也没有意识到潜在的风险,正是这种粗心大意和无意识给了偷窥者诸多可操作的机会。

所以,我们也要给自己提个醒,凡是进入一些需要裸露身体的私密场所,一定要小心;如果是那种可供公众轮流使用的相对私密的场所,比如试衣间、卫生间、宾馆等地方,在进入时就更要多一个心眼。不妨四处看看,着重看看角落里,对于一些你比较怀疑的小东西,动手推推摸摸,也可以用衣服或其他物品把你觉得可疑的东西遮一遮,以最大限度地保护自己的身体隐私不外泄。

第二,学几招查找隐蔽摄像头的方法。

不是所有的摄像头都能像小钟遇到的这样一眼看得到,有人会把摄像头藏得非常隐蔽。不过这种隐蔽也是相对的,只要我们知道了偷窥者的"套路",也是可以找到的。

一是一些常见物品要多加注意,不能因为它常见就不理会。比如打火机、卡通挂件、墙上的插座、角落的插线板、纸巾盒、消防烟感器、沐浴液或洗发水瓶、饮料瓶、路由器、花盆等,只要感觉不对劲,就要对这些小物品在第一时间进行排查。

二是警方也曾经介绍过检查针孔摄像头以及反偷拍的技巧,比如拉紧窗帘、关闭所有灯,让房间处于完全黑暗状态,打开手机照相功能,绕房间一周,如果发现屏幕上有红点,那就可能是隐藏摄像头的地方,这种方法只适用于检查

女孩，你要学会保护自己
身体篇

安装有红外线补光灯的摄像头。如果是普通的摄像头，用手电来搜寻反光物就能排查。如果依旧不放心，像是在宾馆、出租屋等地方，可以在睡前关闭总电源，这样也能在更大程度上防止偷拍。

三是作为女孩来说，还要防止"流动性偷拍"。比如有很多女孩都遭遇过在如厕的时候，有人利用厕所下面的空隙来进行手机偷拍；在自动扶梯上，有人也会对前面女性的裙底进行偷拍；还有就是乘坐交通工具时，站在座位前面的女孩也会被偷拍。

对于这种情况，我们除了可以采取穿安全裤的方式来相对减少被偷拍的机会，最重要的还是要自己多加注意。去卫生间时多看看四周，适当用包或者其他物品在门缝下遮挡等。

第三，遭遇偷拍要及时反馈并报警。

小钟在发现摄像头后的做法是值得参考的，她没有息事宁人，没有只顾及所谓的"自己的身体被偷看"的羞耻心和脸面，而是果断选择了报警，让这套偷拍设备在自己这里就断了日后再充当作案工具的可能。而她的报警也使得存有她的身体隐私的存储卡交到了警方手中，避免了被偷窥者拿去任意亵玩的可能。可以说，正是及时的报警，才使得小钟最大限度地保护了自己。

所以我们也要有这样的及时反应。要知道，我国至少有两条法律是专门打击偷拍的。

第四章

隐私保护篇——务必保护好身体的隐私

《中华人民共和国治安管理处罚法》第四十二条指出,"有下列行为之一的,处五日以下拘留或者五百元以下罚款;情节较重的,处五日以上十日以下拘留,可以并处五百元以下罚款"。其所列行为的第六项就是"偷窥、偷拍、窃听、散布他人隐私的"。

《中华人民共和国刑法》第二百八十四条规定了非法使用窃听、窃照专用器材罪,即非法使用窃听、窃照专用器材,造成严重后果的,处二年以下有期徒刑、拘役或者管制。

因此,当你在宾馆、试衣间发现偷拍设备时,一定要保留证据并报警,第一时间寻求法律保护。

女孩,你要学会保护自己
身体篇

  面对猥亵、性骚扰,要能够有智慧地去处理

2020年1月31日晚,湖北省京山市平坝镇返乡青年肖某与家人发生了口角,离家出走而又身无分文的他心生歹念,趁着夜色撬窗户跳进了同村女孩易某家里。

肖某脱掉了鞋子和外套,偷偷地潜入易某的卧室,但还是惊醒了睡梦中的易某。易某大声呼喊求救,却被肖某勒住了颈部并捂住了口鼻,随即肖某想要对易某进行猥亵。但易某急中生智,一边咳嗽一边拼命推开肖某说:"我是从武汉回来的,已经有了新冠肺炎感染的症状,现在正一个人在家里自我隔离。"

听了这话,肖某大惊失色,连忙放开易某,从床上爬起来之后顺手拿走了易某放在床边的手机和她包里的现金,然后仓皇逃离。

等到肖某离开,易某连忙报警,根据她提供的犯罪嫌疑人的体型及口音特征,民警连夜摸排,初步确定了嫌疑对象。迫于压力,2月1日凌晨,肖某就在父亲的陪同下来到派出所投案自首,他对自己入室抢劫及欲行不轨的犯罪事实供认不讳,被警方刑事拘留。

第四章
隐私保护篇——务必保护好身体的隐私

小易姑娘是真的很机灵,巧妙利用了当时的"新冠肺炎疫情",让自己得以从危险中全身而退,并以此吓跑了猥亵者。试想,如果她只是一味地反抗呼救,并没有灵机一动,那最后的结果可能就不只是丢点财物这么简单了,她也许会经受更严重的伤害。

2017年7月7日,北京市通州区的一辆公交车上,一位女乘客"勇敢"地表达自己被某男子猥亵,并拍下照片说要报警,结果男子百般狡辩不成,随即持刀对女乘客割喉,并连刺三四刀。虽然男子被乘客制服,女子也没有生命危险,但这件事却引起了一定的社会恐慌。

不是说女孩不需要勇敢,也不能说这名女孩选择拍照、报警的想法有错误,只不过这样做不够智慧,因为你永远都捉摸不透人与人之间互动的复杂性,在不能确定自己完全安全的情况下,你做出的任何一个选择或决定,都有可能再次把自己重新推回到危险之中。所以相比较这个受到了实质性伤害的北京女孩,前面事例中小易的选择和做法更值得肯定。

由此可见,女孩在遭遇猥亵、性骚扰的时候,面对衣冠禽兽且欲行不轨的人,双方能力和力量虽然悬殊,但也并不是不可保全自己。最关键的一点,就是要懂得冷静,懂得审时度势,要学会利用自己的智慧,用头脑来帮助相对弱小的自己逃脱魔掌。

女孩，你要学会保护自己
身体篇

所以我们不妨这样来做。

第一，躲闪。

事实上，当遭遇他人的侵犯时，几乎所有人都会下意识地躲开，这是人面对威胁的一种本能反应，这种反应在有些时候的确是可以起到一些作用的。

比如，遇到有人伸出咸猪手，那么你可以采取离开原来的位置，找借口与旁边人交换位置，提前下车或转移前进路线等"躲"的方式，这都是可行的。因为"躲"的行为一出现，其实也是向对方发出几个信息，首先就是你已经知道并感觉到了他的行为，这对对方也是一种提示，一些胆小的人在这个阶段可能就已经收手了；其次就是你可以借躲的方式，来平复自己的情绪，缓解自己的紧张；最后就是你躲开之后，有很大概率获得安全空间，那么此时不论是投诉还是报警，都会相对更安全。

不要觉得"躲"是不勇敢的行为，在保证人身安全、隐私安全这方面，我们都要先以自身安全为最重要的选择。尤其是年龄小的女孩，能力不足、体格不够，你以为的勇敢直面，可能就是在给对方送上更多侵犯你的机会，所以一定要有自我保全的意识。

第二，警告。

有些猥亵或性骚扰可能在一瞬间完成，比如一把过来摸了你的胸部，靠在你身上摩擦几下，而环境可能也没有可供你躲闪的条件，那么此时，你可以选择警告。

第 四 章
隐私保护篇——务必保护好身体的隐私

但这种警告也是要有智慧的，不是扭头就义正词严地说"流氓，你在性骚扰"，这是一句很容易激怒对方的话语，哪怕再厚颜无耻的猥亵者，也并不愿意在大庭广众之下被指责。而且他猥亵的动作已经完成，他完全可以抵赖并对你恶语相向，会让事态朝着不利于你的方向发展。

所以，你可以选择另一种方式表达警告，比如，简单直接地说"你干什么"，意思是你已经发现他的恶劣行径了，没有明确点出他做了什么，也就不会引发他的应激反应，重要的是这样的说法还能引发周围人的注意，很有可能会让对方及时收手；或者说"你的手拿开一些"，"不要挤了"，这样的警告算是一种提醒，重要的是降低了与性有关的敏感度，这就很容易让彼此的冲突变成一种更公众化的冲突，也更容易让对方无从下手，有些人可能也会选择放弃。

第三，谎言。

如果能躲开，我们第一选择"躲"。但如果被堵在了封闭空间，或者在偏僻地带无处可藏的时候，躲就不一定起作用了。这时，我们就可以借鉴小易姑娘的做法，欺骗。

善良的人不说谎，这在原则上没问题，但为了保全自己，该说谎的时候也要毫不犹豫。前面案例中小易说自己染上了新冠肺炎，对于当时全国的严峻形势，这一说法对猥亵者起到了需惕的作用；还有女孩在面对猥亵者时，谎称自己是染了性病的人，这也让对方打了退堂鼓；也有的女孩假装说"去一个更安静的地方"，然后在路上瞅准了合适时机逃脱

女孩，你要学会保护自己
身体篇

并报警……聪明的女孩有很多，我们也可以从她们身上学到这种有智慧的欺骗，最大限度地保全自身。

  当然你的"谎言"也要说得可信一些，否则激怒了对方反而伤害了自己。比如，有女孩在偏僻的地带告诉性骚扰者，"我报警了，很快有人就来找我（抓你）了"，这无疑会让对方心生急躁与愤怒。所以在不同环境之下，你要懂得选择不同的内容来"行骗"，此时你说"我们换个地方"显然更能让对方不那么戒备。

第四章
隐私保护篇——务必保护好身体的隐私

裸聊,任何时候都不要尝试

2018年8月初,安徽省芜湖市16岁的女孩小王通过手机上的社交账号发出了一个"漂流瓶",提问"男女之间的性是什么东西"。因为不好意思问家长,所以她希望能有陌生人来给出解答。

很快,有人添加了小王的社交账号并回应了她,天真的小王毫不保留地将自己的真实姓名也告诉了对方,但没想到对方却开始对她进行言语挑逗。小王察觉出了不对,便迅速拉黑了这个人。

过了没几天,小王再次上网,通过了一个备注为她真实姓名的好友申请,哪知道对方正是前几日漂流瓶中添加的那位陌生人。这人发来了信息威胁小王说:"你必须跟我裸聊一次,如果不满足我,我就告诉你账号里所有的人你问过我这样的问题,让大家都知道你是什么样的人!放心,我们就玩这一回,以后保证不再打扰你。"

胆怯的小王受到了恐吓,被迫和对方进行了裸聊。然而对方并没有像当初说的那样"只玩这一次",后来他又要求小王以后和他保持裸聊关系,还威胁她不能报警,否则就把裸聊的视频和截图散发给她的好友,并嚣张地说:"世界那么大,你就乖乖听话吧!"

女孩,你要学会保护自己
身体篇

> 小王难以承受这巨大的心理压力,便在父亲的陪同下报了警。警方很快锁定了犯罪嫌疑人朱某,并在2018年8月底将朱某抓获。最终犯罪嫌疑人朱某因强制猥亵被警方依法刑事拘留,并进一步侦办。

随着网络视频的发展,一种并不那么上得了台面的聊天方式出现了,那就是"裸聊"。简单来理解,可以看成是在视频聊天过程中裸露身体的某些重要部位供对方"观赏"。而一般裸露的主要人群,正是女孩。前面小王所遭遇的,是被威胁要求裸聊,而有些女孩可能是出于主观愿望去体验这种所谓的"新奇的聊天方式"。

然而实际上,裸聊是"网络色情"新的"变种",在以往的媒体报道中,开始频繁出现少男少女"裸聊"成瘾甚至是像小王这样的上当受骗的事件,所以裸聊已经可以被归类为新型的色情犯罪了。2018年6月1日,最高人民法院在通报"利用互联网侵害未成年权益"典型案例时指出:非直接接触的裸聊行为属于猥亵行为。

这也给我们敲响了一记警钟,作为女孩,我们一定要尊重自己的身体,不论何时,都不要尝试去进行裸聊,如果受到了小王姑娘所经历的威胁,不要被迫服从,而是要及时报警,用法律武器来保护自己。

要躲避"裸聊",我们就要正确对待自己的"网聊"。

第四章

隐私保护篇——务必保护好身体的隐私

首先，不要把解决好奇心的任务交给除家人以外的任何人。

青春期的少女们对于性的好奇心相当旺盛，而现如今发达的网络世界又可能会给女孩们提供非常多的与性有关的信息来源。即便如此，也无法满足一些女孩对于性的探索。

这种好奇本身是正常的，就像一个奇异的果子摆在你面前，你不知道它的味道，就会询问周围人"它是什么味的"。但不管周围人向你描述得多么详细，你的内心依然是存疑的，就好像有一个永远都填不满的缺口。而这个缺口除非是亲自实践，才可能得到满足，但至少现在你还不能去亲身体验，所以这个缺口就会一直存在，你也就一直都心痒痒地想要知道得更多。

然而这种迫切想要知道的心情一旦泛滥起来，就可能让我们走上歧途，有相当一部分女孩因为害羞或者顾虑父母而并不愿意去询问父母，她们就选择走偏径，自己去搜，去问陌生人或者与同龄人一起探讨，认为这样就能减少自己的羞愧感，毕竟陌生人不认识你，同龄人更易交流。

可这往往会演变成危险的关系。有的陌生人就像前面那个犯罪嫌疑人一样带着不轨的目的，有的同龄人也可能并不如你所想那么简单，反而会对你构成威胁。

所以，与性有关的问题，还是尊重科学吧，现在的父母也越来越开明，你正当的询问，他们多半都会给予你合理的解释。如果想要自己去搜索，也要在父母的建议下去查询正

女孩，你要学会保护自己
身体篇

规网站和正规书籍，了解真正科学的知识才能真正解答你的疑惑。

其次，凡是涉及视频聊天，都要注意自己的穿着。

视频聊天几乎已经成了人们日常沟通聊天的主要方式之一，对青春期女孩来说，视频聊天之前要好好检查自己的衣服，尤其是夏天，由于在家穿得少，如果穿着家居服就和人视频聊天，暴露的可能性会大大增加，一旦被有心人截屏或录制，就有可能招来麻烦。

所以不管什么时候，我们都要对自己的身体负责，凡是视频聊天，都给对方一个好印象，既尊重自己，也尊重对方。

再次，对所有陌生人都带有警惕心。

陌生人是一个不定性的词，可能是好人，也可能是不怀好意的人。有陌生人申请好友，或者有陌生人发起视频聊天申请的时候，一定要多一个心眼，不要随便通过。不要觉得"我应该广交朋友，说不定会认识一个新的好友呢"，这种概率在陌生人中间太低了，更何况是上来就给你发"视频聊天"邀请的人。

对所有陌生人都要带有足够的警惕心，就算对方能说出你的真实姓名，像女孩小王经历的那样，你也要多想想，不一定马上通过对方的申请。如果真的是你认识的人，他会想办法再次通知你，而且也会告诉你他是谁，方便你辨认通过。

第四章
隐私保护篇——务必保护好身体的隐私

最后，如果收到"裸聊"威胁，要冷静理智地处理。

凡是有人用"裸聊"来威胁你的，要冷静下来，不要害怕，这种威胁其实是抓住了小女孩的恐惧心理，假如你屈服了，那么你就很容易被对方牵着鼻子走。

如果你觉得害羞，可以先和父母商量，把对方的威胁告知父母，由父母来帮你想办法应对。如果对方拿出了所谓的不利于你的"证据"来威胁，不要害怕，从法律角度来讲，他威胁你想要"裸聊"的行径，已经是一种违法行为，你可以向父母讲清楚你所遭遇的，哪怕是被骂一顿，也好过"裸聊"过后的后悔。

女孩，你要学会保护自己
身体篇

🦋 自己的私密照片，不要发给别人看

> 在安徽省合肥市某大学读书的小刘发现自己电脑坏了，于是便抱着电脑去了电脑城找到一家维修店进行维修。
>
> 但就在送去维修电脑几天之后，小刘发现在自己的QQ群和朋友圈里出现了很多自己的照片，伴随着照片一起出现的还有一句评论，说小刘"长得像小姐"。
>
> 小刘气愤不已，她想到自己的电脑曾经送去维修，里面存了好多自己的照片，是不是在那里泄露的。于是在朋友和同学的陪伴下，小刘找到了维修店进行质问，店员支支吾吾并没有做出正面的回应，小刘随即报警。
>
> 最终，经过民警调解，小刘接受维修员的道歉和赔偿。

把自己美好的一面展现出来，用照片留住自认为很漂亮的一面，展示给周围人看，每个女孩这样做的目的都非常单纯，那就是期望能获得周围人的肯定，哪怕是简单的一句"好看"，都会让我们内心感觉快乐。

然而外面的世界并不总是友好的，你看小刘的遭遇，让修电脑这件事也变得可怕起来，她把自己的私密照片存在电脑里的做法是非常不安全的，被陌生人传播开来也非常危险。

所以总结来看，我们应该保护好自己的私密照片，避免

第四章
隐私保护篇——务必保护好身体的隐私

把照片当成公共资源去散发。尤其是一些涉及裸露身体或者不雅动作的照片,更是我们自己的隐私,随便展露很容易被不怀好意的人利用。

可能有女孩会认为"我拍自己的照片,是我的自由,我想要发给谁看、发到哪里,也是我的自由,我这是自信的表现"。在保护自我这件事上,千万不要觉得"自由"最重要,你是觉得"自由"了,但你的麻烦可能也会随之而至。

曾经有人做过一个实验,使用微信摇一摇的功能,加了1 000多公里以外的一个陌生女士为好友,然后只用了不到半个小时的时间,就从她发在朋友圈的照片及其他内容获取了诸多重要信息,包括她的真实相貌、真实姓名、家庭经济条件、住址与车牌号、孩子的样子、孩子幼儿园的地址及接送时间、平时喜欢去的地方以及日常活动轨迹等。最后这位做实验的网友说,如果有足够的动机,3天之内见到这位女士完全没问题。

要杜绝被人利用私密照片的情况,可以对社交工具设定一些限制,比如微信的"三天可见",微博的"仅自己可见"等;要么不向公共空间上传这些内容,或者及时关闭手机中"同步到网络相册"或"同步到云空间"这些功能;当然还有一个最为直接的方法,干脆不拍这类照片。

其实,拍摄上传日常普通照片也要小心,不能随意暴露任何环境及个人信息,私密照片就更要格外小心注意了。

那么,如果你的私密照片真的不小心被泄露了出去又怎

女孩，你要学会保护自己
身体篇

么办呢？此时不要慌张，只要不是出自主动意愿地传播，那么就一定是有人侵犯了你的个人隐私，所以，你完全可以向法律求助。同时你的态度也要坚定，因为这不是你的错，而且你是受害者，你有权利要求恢复自己的名誉。

　　当然，有时候你可能会被要求拍摄一些私密照片，比如朋友之间的玩笑，那么这时你要坚定自己内心的道德底线，即便是玩笑也要有度，而非随意地想做什么就做什么。但如果是有人强迫你做这样的事，你就要警惕起来，不要惧怕这样的威胁，就像严词拒绝"裸聊"一样，也要严厉地拒绝这种无理的要求。

第四章

隐私保护篇——务必保护好身体的隐私

不轻易跟别人透露关于自己身体的各种隐私

在某法律咨询网站，有这样一系列提问：

"不小心把姐妹的私密视频发到了朋友圈，尽管第一时间删掉了，也道歉了，姐妹也说没事了。可是半个月之后，这则私密视频又在姐妹的朋友圈传开了。那个发视频的人说是从'第一发'视频来源中收藏的，也就是指向了我这个第一个发视频的人。请问我会被追究责任吗？我这算侵犯个人隐私吗？"

"我朋友把她朋友的私密照不小心发到了自己小姐妹的微信群，结果那群小姐妹又把这些私密照转发出去了，那我朋友是不是违法了？她会得到怎样的处理？其他转发者违法吗？"

"在我不知情的情况下，朋友就把我的私密视频发给了另外一个人，然后那个人又发到了群里，这种情况我能不能告他们侵犯我的隐私，到底要告谁呢？"

……

经常会有女孩忘记自己与他人之间的距离，就像自己拥有了一件好东西迫不及待想要与人分享一样，自己的身体有怎样的特征，甚至私密处是怎样的，都想要让朋友了解，然后就有了类似上面这些人所经历的，"发给了朋友看，结果却

女孩，你要学会保护自己
身体篇

被传播到了各个角落"。而之所以会有这么多人去咨询这方面的法律问题，说明侵权人和被侵权人都明白这样做是不道德也不符合法律规定的。

那么问题来了，既知不妥，又何必如此行事？其实还是一种好奇心、窥私欲在作怪。

这就要说回我们要谈论的主题了，可以说几乎没有什么理由，需要你如此"大方"地将自己身体的各种隐私透露给身边的人。否则，看看上面那些已经去法律渠道寻求帮助的人，她们又何尝不是悔不当初呢！

每个人的身体隐私都是独属于自己的绝密，也许只有父母，能够做到知晓你的隐私而不外传，你身体怎样，只有自己知道就好，没有必要去转告他人，而外人也没有权利去详细探究，除非，你是去找医生解决身体上的隐疾。也就是说，除了父母和可以帮你解决身体隐疾问题的医生，你最好不要向周围的任何人暴露自己身体上的隐私。

说到这里，就不得不再次提及朋友之间的相处之道，哪怕是再好的朋友，也要给自己留下一个可以好好保护自我私密的小天地，不要什么都对朋友全盘托出。

首先，管好自己的嘴，理好自己的心。

我们都期待能有"交心"的朋友，期待能交到可以畅所欲言的友谊。但要记住，这种畅所欲言，并不代表你要变身成透明人。有些秘密，你自己知道就好了。

在我们的内心深处，要给自己留一个可以隐藏所有与自

第四章
隐私保护篇——务必保护好身体的隐私

己身体有关的秘密的地方，不论是你身上哪个部位长了几颗痣或是胎记，还是你私密部位的与众不同，这些都是你的绝密，告诉别人并不能让你觉得"如释重负"，相反，你可能是在给他人提供谈资。

如果你不想变成更多人眼中的透明人，那么从一开始，就把自己的秘密守好，只展示给外界你的美好，让人知道你是一个有原则的人就足够了。真正有理想、有追求，或者说有正事想做的人，才不会无聊到想要通过展示隐私来稳固友情。你还有大把其他的事情可做，尽情去做其他可以公开的事情，分享其他可以共享的信息吧！

其次，朋友圈不是个人的私密储藏室。

前面也曾经提到过朋友圈晒照片的事，有些女孩把自己的朋友圈当成了个人的私密展示地，不论什么样的内容都敢向外发。尽管发什么是自己的自由，但是他人"肆意观赏"乃至于"随手转发"，那也是我们无法控制的。

这样说来的话，你是不是感觉到一丝危险了呢？你通过"自我展示"寻找某种刺激或博得某些关注，可是他人可能也同样会因为同样的原因而选择传播，一句"我朋友圈的一个女孩居然发这个出来"，就会吸引更多人好奇观看。

朋友圈的确是展示自我的一个渠道，然而就算是可自由展示，我们也一定要设定好度，不给他人留下任何恶意传播的可能。

女孩,你要学会保护自己
身体篇

最后,被侵犯了隐私一定要态度坚决地解决。

虽然前面那些"事后寻求帮助"的提问人都在亡羊补牢,但这个"牢"也的确要补。侵犯隐私权不是小事,这是触犯法律、触碰道德底线的严重问题。

所以,如果你的身体隐私内容被他人传播了出去,那么你也要勇敢地拿起法律武器维护自己,尽快地断绝继续再传播的可能。

第 四 章

隐私保护篇——务必保护好身体的隐私

 帮助人之前,一定要先"识人"

网上曾经有一则很火爆的视频,是一段90秒的监控视频,显示的是2017年8月某天凌晨发生在福建省泉州市某地的一件惊心动魄的事。

当时一名男子跑到市区前坂社区某栋楼的3楼租房户门口,说是请屋内的女子帮忙去打开一楼的防盗门,他表示自己的门卡丢了无法下楼,希望这名女子能帮一下忙。

然而就在女子打开门的一刹那,男子用力地将她往房间里推。女子奋力反抗,好几次都想要夺门而逃,但都被男子拽了回去。而男子也多次想要关上门,但都被女子奋力撑开。

双方就这样僵持了大概90秒的时间,房东老太太听见声音后,从4楼下到3楼,喝止了男子的行为。听到有人来,男子从楼梯跑到了2楼,接着从2楼阳台跳出,迅速逃离了现场。

多亏了女子自身的奋力反抗,也多亏了房东老人听见响声及时下楼,这才没导致严重后果的发生。但这段经历足以让女子后怕,同时也向我们敲响了警钟。在不明了状况的前提下,应该怎样应对来自陌生人的求助,才能保证我们不会受到突如其来的伤害。

很多人都认为"好人有好报",从原则上讲,这句话是没

女孩，你要学会保护自己
身体篇

有问题的，然而这句话的印证也需要有良好环境的加持，也就是周围人都以良善之心相处相待，那我们的好心当然可以被人接纳，且给出正向的反馈。

但从实际生活中来看，很多事情的走向却并没有如我们所愿，因为周遭的人我们了解不够，我们认为自己的行为展现了自己的良善，但在不怀好意的人看来，这却是我们在向他敞开方便之门，给了他可以为所欲为的机会。

尤其是女孩的单纯、不设防，更容易激发对方原本就想要施暴的心思。2013年那个好心送孕妇回家却不幸惨遭毒手而去世的女孩，她的经历直到今天也依然应该为所有女孩所铭记。这些不幸的经历都在提醒我们，做一个良善之人没有错，然而在帮助他人之前，一定要学会先去鉴别对方的"属性"，要先学会"识人"，而不是只顾着好心，却将自己置于危险之地。

第一，从两方面做到"识人"。

"识人"，我们可以从两方面来看，一方面是去"识别"求助之人，而另一方面，非常重要，是要"识别"我们自身。

"识别"求助之人，是要看看对方的求助在当下是否合理，比如他又高又壮，却对明显瘦小的我们说搬不动东西，那我们就要多考虑一下了；还要看看对方的求助是不是带有很强的"指向性"，本来周围还有更靠谱的求助人，但他偏来找了你，就像事例中的那名男子，找房东开门明显比找租客开门更靠谱；也要看看对方是不是真的想要求助，有些人借

第四章
隐私保护篇——务必保护好身体的隐私

着求助的名义叫停了你的脚步或者吸引了你的注意力，接下来可能会和你聊一些其他的事，套出你的很多信息来，这就很有问题了。其实类似的内容还有很多，我们要多观察多思考，才可能对来求助的人有一个基本的判断。

"识别"自我，是指要对自己有一个正确的考量。有些女孩一听说他人求助，就很是"奋不顾身"，这样其实并不好。我们需要清楚自己的身份、能力，你就是一个在体力、能力等方面可能并不如异性的女孩，尤其是在你独自一人时，任何人发来的求助对于你来说都可能存在危险。明了这样的事实，也许会帮我们在"热心回应对方的求助"时，能够保持一份冷静与清醒。

第二，与求助之人时刻保持安全距离。

突然而来的求助之人，绝大多数都是陌生人，不论是直接问询还是敲门询问，保持安全距离都是很有必要的。在彼此都能听清楚的距离就好了，不需要靠得太近。如果是敲门询问，如果一开始确定是陌生人，我们可以采取假装不在家的方式；如果应了声，也最好不要开门，隔着门来完成交流也是可以的。

那么如果求助之人是熟人呢？也不要完全放心。即便是认识的同学、朋友，我们也要心存一些戒备。同样是根据前面的那一条"识人"的判断，看看他们的求助是不是真的需要我们一个瘦弱女孩的帮助，如果内心有疑虑，大可找借口拒绝，请他们去找合适的人求助就好。

第三,学会"帮忙"转移求助目标。

这一点也是和第一点的"识人"有紧密联系的。一旦你感觉对方的求助不太对,那么你可以顺势给他一个解决方案:"我建议你拨打相应的求助电话""前面就是派出所,你可以去那里问问""我不清楚,建议你问问房东"等,用这样的回复来摆脱不明求助人的求助。

第四章

隐私保护篇——务必保护好身体的隐私

即使坠入"情网",也要保护好自己的身体

一位妇科医生讲过一个令她非常心痛的案例:

有一个漂亮的高中女孩来医院做检查,结果发现她患有宫颈炎、慢性盆腔炎、滴虫性阴道炎等多种妇科疾病。医生询问她的性行为经历,女孩很无所谓地说,自己在经期进行过性行为,平时并不注意生殖卫生,也从来没有采取过任何避孕措施,还曾经进行过两次人流。这个女孩对自己的身体健康那无所谓的态度,让医生痛心不已。

还有这样一个病例:

四川一位19岁的高中女孩,去医院进行妇科检查,结果第二天病情就加重了,紧接着抢救无效去世。医生抢救过程中发现,女孩的小肠有断裂情况发生,同时还伴有子宫穿孔。医生表明,女孩的死亡原因是多发性病毒、失血、休克,子宫穿孔,同时小肠、盲肠断裂。而再往前查找原因,才发现女孩在抢救前一天曾经去别的医院进行过无痛人流,她曾在手术中出现过恶心呕吐的情况,尽管医生建议停止手术,但她坚持手术。不仅如此,在医生建议留院观察时,她却自行偷偷溜走了。也许正是因为她的溜走,才导致身体内部的变化无人可知,这才致使悲剧发生。

女孩，你要学会保护自己

身体篇

青春期的女孩在荷尔蒙的影响下，可能会陷入"情网"。但并不算丰富的人生经历，以及对性知识的并不了解，会使一些女孩在懵懂的状态下就开始放纵身体。然而这种放纵往往都伴随着惨痛的代价。看看事例中的这两名女孩的经历，难道还不能令我们心生警惕吗？

正所谓"情不知所起，一往而深"，我们不能否认情起时的确会令人难以自拔，更何况是初尝情之滋味的青春女孩。青春年少时的情感尽管带着酸涩味道，但也依然会让不少人想要品尝一二。

可是情起了，却并不代表头脑也随之放弃思考了。情起会带来身体的欲望，但作为女孩，我们却要在情感萌发过程中，学着去冷静地控制自己的头脑，阻止自己放纵自己的身体。

之所以要这样说，是因为从实际情况来看，毫无顾忌的性行为，最终受伤害的一定是女孩，因为女性的生殖构造决定了生理上的脆弱，容易发生感染。

更何况，有的女孩因为不懂而在性行为中没有采取任何避孕措施，怀孕的概率大大增加。作为学生显然不可能养育孩子，女孩就不得不去做对身体伤害更大的流产手术。再加上有的女孩没有正常怀孕，而是出现宫外孕，这无疑给女孩带来了更大的生命威胁。

你看，被冲昏了头脑的情感发展，可能会给女孩带来如此之多、如此严重的后续危险，我们是不是应该有所警惕？

第四章
隐私保护篇——务必保护好身体的隐私

坠入"情网",可能是我们定力不够,无法控制情感的发展,这种信息素的交流沟通是我们不能很好掌控的。但是,对于自己的身体,我们还是应该具备一定的掌控能力的。一定要在头脑中加上这样一道"制约"——时候未到,不要开启性行为的开关。

其实这道开关,也恰恰可以帮助我们检验自己陷入的"情网"是不是真情。

如果男孩觉得"我们都是情侣了,你竟然还不愿意和我发生关系,那你就是不爱我","现在性行为太普遍了,你怎么还怎么保守,你真老土",那么恭喜你,你利用性行为就"鉴定"出了对方情感的属性,也就是说,这样的男孩就只是贪图你的身体,而非想要认真经营一段情感,他也只是想体验性行为,或者说他压根儿也没想对你负责。这样的男孩还很容易出现始乱终弃的情况,也就是他一旦得到了,厌烦了,你对他就没有任何吸引力了。

这样的感情多可怕!你的拒绝帮助你守住了自己对感情的期待,也更好地保护了自己的身体,你应该为此感到庆幸。

但如果男孩足够尊重你,会理解你拒绝性行为的决定,同时也愿意为你的身体多加考虑,他可能会和你一起把情感的经营方向从简单的身体接触提升到精神交流,并愿意和你一起为了未来而努力,共同变得更好,在更合适的时间再去和你进行更放心、更贴心的身体交流。

女孩，你要学会保护自己
身体篇

这样的情感是不是才是你所追求的呢？

当然，并不是说所有的男孩都是只为了一次性行为而与女孩谈感情，有时候难以抑制的情感也会促使男女之间突破底线。那么这个时候，一定要优先考虑自己的身体。如果事前你们知道要采取避孕措施，那你要注意的是事后的清洁卫生；如果你们都忘记了有避孕措施这一项，那么事后你最好立刻采取紧急避孕措施，同样也要做好清洁工作。

总之，你一定要保证自己的身体不会因为这一次的性行为而发生问题，与此同时，你也要开始思考并下定决心，努力做到不发生性行为，这是你对自己最大的保护。毕竟这时你的身体尚未发育成熟，过早的性行为或者过早的怀孕行为，对你来说都可能造成不可挽回的伤害。这里面并不存在侥幸，不要去庆幸"还好没事"，而是要考虑"以防万一"。而且，如果真的觉得不舒服，那也不要害羞，赶紧去医院进行检查，请医生给出更直接有效的治疗，帮你解除后顾之忧。

最后，还是提醒所有的女孩，把情感问题留待成年之后，留待生活、事业都起步之后，留待你可以对自己、对他人负责之后，再做考虑。千万不要盲目投入情感之中。

第五章
Chapter 5

身体防范篇——不要让身体置于"险境"

雾霾来时，我们会戴上口罩，这时口罩所起的作用，就是一种防范作用。其实我们的身体在很多时候也需要类似于口罩这样的防范，这种防范有时是实体的，有时则是需要我们进行精神层面的防范。但不管是哪一种防范，都意味着我们要对自己的身体负责。我们不能把自己的身体放置于不安全的处境中，这是主动避免不良侵害的重要原则。

第五章

身体防范篇——不要让身体置于"险境"

公众面前要保持得体的着装

一位女士讲了自己初中时经历的一件真事：

我上初中时，班里有一个叫小颜的女孩。小颜话不多，长得也还算漂亮。刚到初中，身材就有明显发育了。

小颜家里应该是条件很好，当时我们其他的女孩，都还只是要么穿校服，要么就是普通的T恤、衬衫、外套的每日换搭，但我们却经常在小颜身上看见名牌，以及很多明显是更成熟一些的衣服样式。

有一天小颜来上学，上身穿了一件很紧的线衣，而且还露腰，下身就是一条露大腿根的热裤。就这身装扮往教室里一坐，引得周围的男生总是控制不住眼神往小颜那里瞟。下课的时候，小颜周围开始时不时有男生仨俩经过，有的人竟然还伸手装作不小心地去碰她。她尽管脸上并不情愿，但没有人真的有实质性的骚扰，她也不好发作。后来还是我看不下去，过去叫她陪我上厕所，这才把她从尴尬中救了出来。

我问她为什么穿这身，她说是妈妈从国外给她带回来的，她就是觉得好看才穿出来。结果现在看来这样穿的确有问题，第二天她又换回了校服，果然没再受到男生的特别"关注"。

女孩,你要学会保护自己
身体篇

公共场合下,当你的着装并不符合当下的情境时,你就会变成众人关注的焦点,这种焦点也许并非全是恶意,只是大家对于"与众不同"的一种关注。但你不能否认的是,这种情况下,也可能会有恶意存在,所以才会有一些"咸猪手"在密集的人群中去触碰他有机会可以触碰到的人。

像小颜那样的穿着,显然是不适合学校氛围的。一来,这是学校,是学习知识的课堂,学习的时候应该更多关注所学内容,关注思想中的知识变化,而不是过多关心自己的衣服有多好看;二来,还是因为这是学校,是有男男女女共存的环境,在荷尔蒙萌发的青春期,男孩们对于可以刺激到他们眼球和神经的"美景",从来都不会吝啬眼神,更不会吝啬关注,所以小颜才招来了众多男生的围观。

也许青春期的男生只是好奇,但社会上的一些成年男性可就没有这么单纯了,那些并不觉得自己是在性骚扰以及道德品行败坏的人,他们会肆无忌惮地选择遵从自身龌龊的欲望,对他们眼中"穿着暴露"的女孩毫不犹豫地伸出罪恶之手。

说到这里,我们就会明白,在公众场合,应该选择更为得体的服装,而不能只是考虑到衣服好看与否。

所以为了自身的安全,我们需要借鉴参考一些更稳妥、更得体的穿衣方式,以一种更得体的样子出现在公众面前,既可以展示自己美好的形象,也尽可能地实现自我保护。

所谓"得体",意味着我们要考虑两个方面:

第五章

身体防范篇——不要让身体置于"险境"

一方面是当下所处的公众环境是怎样的。

这个环境是严肃的课堂，还是轻松的步行街？是人挤人的公共交通工具，还是可以全身心沉浸的安静图书馆？是需要匆匆赶路的环境，还是允许慢慢散步的环境？不同的环境其实可以帮助我们确定要穿怎样的衣服。比如，相对严肃、安静一些的环境，我们可选择书香气的服装搭配，或者较为正式一些的衣服；相对轻松、热闹的环境，我们可以选择活泼一些的衣服。与环境相匹配的服饰，会让你更容易融入当下的环境，因为不会显得"突兀"，你也就不容易为人所特别关注，这其实也是一种环境上的保护。

另一方面则是要注重衣服本身品位。

其实我们可以认真关注一下，那些更沉稳知性大气的女性，她们的服装并不会刻意去追求薄、露、透、短，这些女性对自己的身体会有足够的尊重，比如她们就绝对不会把内衣当成外衣穿出来，也不会任由自己的身体大面积地暴露给他人看，她们的衣服往往会令人赏心悦目而又不会让人产生邪恶的想法，这才是更高级的穿衣法则。尽管我们还不过是青春期的孩子，但这并不影响我们对衣服品位的提升。想要穿得好看，并不是只有展露身体曲线、暴露大片肌肤才能做到的，可以翻翻更高级的时尚杂志，也可以看看妈妈是怎么做的，多学一些合适的衣服穿搭，学会选择不同场合下的服饰装扮，才是正常且理性的做法。

另外，我们还要尊重自己的年龄，青春期的衣服自有其

女孩,你要学会保护自己
身体篇

舒适、轻松、活泼、明亮的特点。我们要穿符合自己年龄、身份的衣服,没必要去尝试所谓前卫大胆的着装风格。

关于"衣着暴露"的问题,我们也要理性思考。有时候妈妈可能会提醒你"别穿得那么暴露,有人骚扰怎么办",她是在爱你,在担心你,并没有恶意,只不过她的表述可能会令你感到不舒服,但请你体谅妈妈的苦心。

毕竟从着装的角度来说,要建立保护自己身体的盾牌,还是要靠你自己的主动性才能实现的,你觉得呢?

第五章
身体防范篇——不要让身体置于"险境"

单独打车时尽量不坐在副驾驶位置

2018年5月的一天早上,四川省乐山市的一个女孩从自己居住的小区打了一辆出租车去上班。车来之后,女孩拉开门坐进了副驾驶的位置。

车行进的途中,有一根头发落在了姑娘的锁骨附近,结果的哥直接伸手过去给她捡了起来。因为姑娘穿了一件一字肩的上衣,所以锁骨部位是暴露状态的,的哥的手等于直接触碰了姑娘的锁骨。

而更令姑娘没想到的是,等到了目的地付钱的时候,的哥突然来了一句"你很漂亮",接着就直接伸手过来拉姑娘胸前的衣服,而且还拉开了。

姑娘气愤不已,连忙下车,并拍下了出租车车牌,接着就向乐山一家自媒体进行了曝光,希望能借这件事来给女孩们以提醒,打车尽量不要坐副驾驶,她心有余悸地表示,"幸好不是在晚上遇见这种事"。

女孩同时还投诉了这名出租车司机,经过调查,这名司机也已经被吊销出租车从业资格,并被纳入了乐山市出租车从业"黑名单"。

出门打车要坐哪个位置,很多人并不会过多考虑,一般都是车来了开门就上,这个选择非常随机,选到哪个就是哪

女孩，你要学会保护自己
身体篇

个，因为更多人内心考虑的都是"赶紧到达目的地"，至于坐哪里可能压根儿就没有进过他的脑子。

但是对于女孩来讲，打车要坐哪个位置却一定要好好考虑一下，因为你并不知晓那个看上去是在认真工作的司机，到底有没有心存龌龊的心思。如果你选择坐在副驾驶，那么风险可能就会大一些，有很多女孩都因此而经历过令人恶心的事情。有的是如乐山这个女孩一样，被司机袭胸、摸大腿；有的是被司机安装隐藏摄像头，偷拍裙底或胸部；有的则被司机套出诸多信息，在日后频繁被骚扰；还有的更严重些，被司机锁住车门带往偏僻地带，被强暴，甚至被杀害。

另外，从更客观的角度来说，除了驾驶位，相比较其他位置，副驾驶也会有更高的危险系数。因为它位于前排，缓冲距离有限，一旦遭遇危险情况比如说车祸，那么出于人类避祸的本能，司机可能会下意识地打方向盘以保护自己，那么副驾驶的位置将会比驾驶位置获得更多的撞击机会。

所以，还是那句话，当我们没有能力去阻止他人作恶时，当我们没有办法预知是否会有灾祸降临在自己身上时，那就选择加强对自身的防护，自己好好保护自己。所以，如果要出门打车，尤其是单独出门打车，女孩一定不要坐在副驾驶的位置。

现在的打车软件相对更成熟了，司机的一些基本信息都会有，也会有行进路线，为了安全起见，你可以把自己出门的过程记录下来，或者是把行程信息分享给家人、朋友，以防万一。

第 五 章

身体防范篇——不要让身体置于"险境"

当车辆到来时,要形成一种意识:不论开车的司机是男还是女,自己都不要去碰副驾驶的门,而是直接去拉开离司机位最远的座位那一侧的车门,也就是可以坐在副驾驶后面的座位。

在坐车的过程中,可以和司机有简单的交谈,但一定要有分寸,尤其是遇到比较热情的司机,也要守好自己讲话的底线,不要什么实话都往外说,尤其是事关经济情况、家庭成员构成等方面的内容,最好守口如瓶。

还有一种情况,有些女孩打车可能会遇到司机在后座放有其他东西或者有其他人已经坐了后座,可能就只剩下副驾驶的座位可以坐了。那么这时候,出于安全角度的考虑,你可以选择放弃这次打车,再重新打一辆不那么"拥挤"的车,好让自己安心一些。

尤其是遇到拼车的,不要觉得"车上还有其他人,司机应该不敢干什么"。恰恰相反,他们也许刚好就是一伙的,不论车上坐着的人是男是女,你都无法确定这些人的真实关系。如果你一个女孩上了这样的车,那后果将会怎样可就不堪设想了。也就是说,不论何时都不要心存侥幸,如果你只有自己一个人,想要打车,一定要在正规软件上叫正规的出租车或快车。

另外,每次打车最好也给自己做好防护措施。可以在包里装上一些喷雾小瓶子,如果有防狼喷雾更好。或者装上小刀、警报器等更具有威慑力的东西,以备不时之需。

女孩，你要学会保护自己

身体篇

不要去试图搭陌生人的便车

广东卫视曾经做过一个邀请大学生上陌生人车的测试节目。

测试开始前，工作人员采访了很多女大学生，询问她们"如果有陌生人邀请你搭车，你会上吗？"几乎全部的女大学生都表示自己"绝对不会"，并认为自己"大学生了嘛，这点警惕性还是有的"，还很肯定地说"天上不会有掉馅饼的事"。

测试开始后，司机上路，他向第一个女孩问路，请她帮忙指路，女孩非常热心，直接就上了车。司机调侃，问女孩这么随意上车不怕被卖吗，女孩幽默地回应"我这种程度还不到可以卖掉的程度"。

接着，司机又遇到了第二个女孩，女孩指明了道路但拒绝上车，司机多次邀请，希望她能带路，并表示"可以先把你送过去"，但女孩有极高的警惕性，坚定回绝了。

然而再接下来，连着三位女大学生都轻易上了车，而司机问她们"你这么轻易上我的车，就不怕我是坏人吗"，一位女生回应"世上还是好人多"，另一位女生则直言"我不怕坏人，我就是坏人，坏人不怕坏人"。

最终，这个测试结果令人震惊，因为这个邀请的"成功率"太高了，5个女生中4个都轻易上了陌生人的车，比例占了8成。而且从她们与司机的交谈来看，她们都没有意识到

第 五 章

身体防范篇——不要让身体置于"险境"

这个问题的严重性，如果真的出了问题，后果不堪设想。

自认为已经是大学生，已经知道得足够多了，认识得足够深刻了，可是真到了实际生活中，却还是很容易就放下了所有戒备。如果真的遇到了问题，这些如此轻易简单就搭上陌生人车的女孩们，其警惕性都有待加强。

而且看看这些女孩给出的理由，"我这样的长相很'安全'"，"我相信世界是美好的"，"我就是坏人所以不怕坏人"，这些想法真是太过于天真了，真的心怀不轨的陌生人，哪里会在意你是不是长得安全，更不会回报你对世界的美好期待，当然也会愿意和你"较量"一下看到底谁更坏，只要他想伤害你，几乎不需要任何理由，他的内心会"认定"，就是要对你做些什么。

所以，第二个参与测试的女孩，她的态度才是值得我们肯定和学习的，可以表示出善意，可以给出帮助，但是拒绝有任何靠近的可能，不论对方给出怎样的利诱，都不会轻易进入陌生的车内，会和陌生人保持足够的距离。这样的做法才是正确的，最起码会让我们处在一个相对安全的环境中，并给自己留出了足够的安全撤退空间。

的确，搭便车在某些时候可以给我们带来便利，比如偏僻路段，如果有车愿意载我们一程，不论是缩短行程时间还是缓解疲乏劳累，都是再好不过的事；还比如要去较远的地方，假如有车能够让我们坐一坐，舒服又不耽误时间，这也

女孩,你要学会保护自己
身体篇

是不错的选择。可是便车之便,却不一定都是纯粹的善心使然,有些人就是要在你身上收取一些"利息",有些人就是在以此为诱饵,引诱你上钩。

如果只是被抢去钱财,还不算最糟糕,毕竟钱财乃身外之物,但如果对方歹意太过"旺盛",你失去的可就更多了,如果再威胁到生命安全,那可就真是无妄之灾了。

所以,我们对于陌生人的车辆,应该有一种本能的警惕心,不只是嘴上说"我一定不会上",而是在真正的实际生活中能够落实。

如果有陌生人开着车来求助,我们需要站在一个相对安全的位置上,既不会因为离得远听不清,也不会离车太近。之所以要这样做,也是为了防止有司机或者车上有其他人下来,以迅雷不及掩耳的速度把你直接拉上车。

一般来说陌生人向我们问路,我们只要告诉他具体路线怎么走就可以了,对于对方提出的"麻烦上车来帮我指下路"的要求,一定不要答应。其实从现实来看,手机地图的普及,以及对陌生人不愿开口求助的害羞心理,很多人并不会这么"诚恳"地直接对外求助,而且从道理上来讲,一般人也不会这么轻易就邀请陌生人登上自己的车,毕竟你对于他来说,也算是陌生人。所以太过自来熟的人,你还是要多加小心。

还有一种情况就是,当你走在偏僻的地带,或者拿了很多东西的时候,也会有人看似热心地停车来询问你要不要搭

第五章

身体防范篇——不要让身体置于"险境"

车,这时你也要注意。因为此时很多女孩会有一种"渴望得到帮助"的心情,尤其是真的很累或者真的很想要获得帮助的时候,来了这样一个表现出温暖的人,就很容易让女孩放下警戒心。

对于陌生的热心人,我们可以感谢他的善意,但不要真的放松下来主动承接这份热情,你可以表达"谢谢你",也可以顺势说"我已经叫了人来帮我"或者"我已经叫了车,也快到了",用一种比较礼貌但坚定的态度来拒绝。假如对方比较强势地要你上车,那么你也要警惕起来,坚定一些表达拒绝态度;如果有人下车靠近,那么趁着他们还没有离你很近,转身就跑比较靠谱。在必要时,要迅速报警求助。

女孩，你要学会保护自己

身体篇

尽量不要单独在夜间外出

2019年7月11日晚，江苏省扬州市的李女士刚散完步，她一边和朋友打电话一边往家走。

突然一个骑着摩托车的陌生男子跟了过来，用刀抵着她要求她交出财物，在当时的情况下，为了保护自己，李女士只得将手机和背包都给了那名男子。在男子逃跑之后，李女士跑到附近的一个朋友家求助，并在朋友的陪同下报了警。

警方随即展开调查，调出监控后逐渐锁定线索。在调查过程中，李女士提到了一句话，她说那名劫匪说这已经是第二次看到她了，令她感到震惊的是，劫匪竟然还提醒她说以后夜里不要一个人在外面。这句话引起了民警的注意，根据这些掌握的线索，民警在周围的监控里继续查找，直到7月15日，伏击多时的民警将劫匪抓获。

警方经审讯得知，这名嫌疑人因为外债想要借钱，但朋友并没有借给他，郁闷的他喝了酒之后便心生歹念，便跟踪抢劫了李女士。

元代元怀的《拊掌录》中早就提到，"月黑风高夜，杀人放火天"，从字面意思来看，就已经很明白地说明了，到了夜晚，很多危险就会被"放"出来，白天可能看着并没有太大危险的环境，到了晚上，危险的程度就会增加。

第五章
身体防范篇——不要让身体置于"险境"

那么对于女孩来说,危险的种类及程度可能更会更高一些。夜晚时候,女孩单独一个人走在外面,就可能成为坏人盯上的目标。就比如像李女士这样,她不仅被人抢劫了,甚至是被人盯了两次,如果这个嫌疑人的坏心思再多一些,李女士可能的遭遇将会是怎样的,真的是难以想象。

由此可见,当夜幕降临时,女孩单独外出,是一件存在危险的事情。大量的现实案例、新闻报道都在提醒我们,不要低估黑暗中可能藏着的坏人,有些人的人性之恶不可理喻。

所以说提醒女孩夜间不要单独外出,并不是否定女孩的坚强勇敢,而是在提醒我们每一个人,不要盲目自信,也不要鲁莽行事,该谨小慎微的时候,怎么小心都不过分。你永远不会知道黑暗中可能会有什么危险向你袭来,那么你又怎么能够放心大胆地把自己暴露在外!

明白了这个道理,我们就要考虑一下怎样来保证自己的安全。

首先,尽可能地把所有事情在入夜之前都处理好。

除非特殊情况,没有什么事是必须要你在夜晚出门,或者到很远的地方才能做的。

所以,平时我们对自己的学习、生活都要有一个合理的安排,把能做的事情都在白天尽量做完,不要拖到夜晚。到了夜幕降临之前,我们要尽量保证自己已经回家,减少黑夜在外的机会。

女孩，你要学会保护自己
身体篇

随着课业的繁重，很多学校本身可能放学时间就比较晚，会拖到夜晚时间，那么到了时间我们就赶紧随大流或是回宿舍，或是赶紧出校门和同学结伴回家，或是等父母家人来接我们回家，总之就是不要在黑夜时还一个人停留在外。

其次，对于一些突发事件，尽量将其拖后安排在天亮进行。

有时候我们也难免会遇到晚上突然需要出去的情况，比如有同学联系解决什么事情，那么我们就要确定这个事情是不是必须要在此时解决。假如同学或朋友邀请你在黑夜出门，那你一定要多想想，这件事是不是很有必要。

如果不是什么特殊情况，最好和对方商量，看能不能错开晚上的时间，将事情留待天亮之后再做。而且现在的联系方式非常多，视频通话、语音通话、留言等都可以，能够通过这些方式解决的问题，就没必要非得实际见面。如果真有需要，留待天亮再说，不要在夜晚随意出门，毕竟这时候应该以自己的安全为先。

最后，如果实在需要夜间出行，那就做好万全准备。

这个"万全准备"从你出门前就开始了，你可以在自己的家中留下信息，比如便签纸上留下"×时×分，要去××地，做××事"，这不仅是对自我时间的安排记录，也是给自己的行踪留下一个痕迹。

同时你还要准备相应的物品，前面提到的喷雾、报警器或者是小刀以及其他一些可以用来防身的工具最好都装在贴

第五章
身体防范篇——不要让身体置于"险境"

身好拿的地方。

如果能联系上朋友或家人，或者你家中有别人在，那就叫上他们给你做个伴，最好是叫上男性家人或朋友。如果是女性的家人或朋友，就尽量多叫几个人。

如果是你的朋友或其他人叫你去别的地方，那就和对方联系好接应，最好是提前半路接应，减少你单独出行的概率。

另外也要安排好回程，如果有人接你最好不过，否则回来的时候你也要请同学或朋友给你做个伴，能把你送回家最好。

女孩,你要学会保护自己
身体篇

积极防范来自熟悉"异性"的性侵害

《新京报》曾经报道,中国少年儿童文化艺术基金会女童保护基金根据每年公开报道的性侵幼童案件统计发现,近6年来(截止到2019年),性侵儿童的案件每年平均达到300起以上,2018年曝光的性侵18岁以下儿童的案例就达到317起,受害儿童数量超过750人。

数据显示,2018年被公开报道的儿童性侵案件中,超过50%是发生在城市的,但也许是因为农村儿童的安全监护薄弱,所以即便遭遇了性侵也很难被发现,实际上无论是在城市还是在农村,儿童都有会被性侵的风险。

同时这些数据也显示,受害者以7~14岁的中小学生居多,其次是7岁以下的儿童。在2018年儿童性侵案件中,有一个数字很是触目惊心,那就是有近70%的案件都是熟人作案,这些作案人包括教师、邻居、亲戚等,还有很多都是很容易接触到儿童、且能获得他们信任的人,像校车司机、学校厨师、学校或幼儿园工作人员、保安等。

这些数字令人触目惊心,谁能想到那些就在我们身边的熟人,竟然一转身就对我们露出罪恶的嘴脸呢?

我们可能一直都被告知,"要远离陌生人""不要和陌生人说话""不要接受陌生人的好意""警惕陌生人的伤害",于

第五章

身体防范篇——不要让身体置于"险境"

是我们将大部分的防备心都用在了对待陌生人身上。不仅如此，我们还被一直提醒，"如果遇到问题，要找熟人求助"，于是在我们内心深处就会形成一种思维定式，那就是"熟人是我们可以依靠的保护者"。这样的认知会让我们在面对熟人时，不自觉地放下所有防备，甚至反而还会对其有更多的依赖感。

对照前面那些令人惊心的数字，再想想我们对熟人的依赖，这样的强烈反差，难道还不能让我们产生新的思考吗？

其实在防范性侵这件事上，作为女孩的我们应该坚持一个信念，那就是我们应该有一种主动防范的意识，防范的对象是除了我们自身以外的所有人，尤其是所有异性。尽管包括爸爸、警察叔叔以及其他有正义感的人可能都会是我们的保护伞或助力，可是在不能明确事态发展和他人真实状态的前提下，我们就不能贸然将自己的安危托付给任何人。

简单来说就是，在自我保护这件事上，只有自我才最有主动权，我们应该从自我出发，遇到非常需要求助的事情时，再去寻找靠谱的人来求助。

要实现这一点，我们可以这样来做：

第一，做一个独立自主的人，在这一原则的前提下与周围人保持良好但有距离的关系。

我们虽然是女孩，但也要独立自主，不能成为任何人的附属品。这种坚强独立很重要，仅这种状态，就能给人一种"这个女孩不那么容易受影响"的感觉，所以该是自己做的事

女孩,你要学会保护自己
身体篇

情我们要积极主动去做,不会的就学,会的就把它做到精;多读书,提升自己的思想境界,让自己能有良好的"三观"和是非判断能力,做一个思想积极而又坚定的女孩;培养自己各方面的能力,尽量让自己成为遇事有方法的"多面手",而不是只知道哭和求助的无能人。

当我们再与周围人相处时,就要坚持这样的原则,与周围人保持良好的友善关系,比如对老师长辈,能够做到礼貌尊重;对一些工作人员,也会经常表达谢意,但是对这些人不要有太多的依赖性。

第二,对于熟人给的任何一种好处,都不要心安理得地接纳。

也许正因为是熟人,有的女孩就会觉得接受对方给的好处是一件理所当然的事,所以不论是吃喝还是用具,都会拿得很顺手。可殊不知,有些不怀好意的人就是在利用这种方式来让女孩放松警惕,对自己放下戒心,好方便自己在某些时候动手动脚。

所以,我们还是要坚持与熟人相处也要保持分寸的做法,他人的小恩小惠不要频繁接受,礼貌拒绝,保持尊重,不轻易为任何诱惑所动,做个有原则的女孩,对方也就会因为觉得"这个女孩不那么好攻克"而放弃在你身上再费工夫。

第三,对于家中熟人的过分亲近,要及时躲避并告知父母。

有时候有些亲戚会借着亲戚的身份,对女孩搂搂抱抱

第五章
身体防范篇——不要让身体置于"险境"

或者有其他不轨举动。比如，家里的表兄弟、叔伯舅，或者其他同宗同族的亲戚，他们打着喜爱的旗号，不停地动手动脚。这时如果你觉得非常不舒服，或者他们的手已经伸向了不应该放的位置，那么你一定要有所行动。

这时候要快速地远离这些人，如果父母就在旁边，要赶紧告知父母，不要因为对方是亲戚就觉得不好意思，你的隐瞒会让对方觉得你不敢对亲戚撕破脸，他可能还会变本加厉。所以，一定要尽早把这种龌龊的事情捅破，以免自己日后遭到更大伤害。

女孩,你要学会保护自己

身体篇

你需要给自己的身体定一个"安全距离"

2018年10月的一天早上,因为是上班早高峰,广东省广州市的一辆公交车里人多拥挤。

忽然安静的车厢里响起一个女孩的声音,那女孩大叫:"够了!你摸我多少次了?"这一声让所有人都把目光集中在了出声的女孩身上。

只见女孩身边有一个穿着蓝色衣服的男子气势汹汹地嚷着:"我摸你怎么啦?怎么啦?我摸你是看得起你,我摸你是你的幸福!"之后还说出了更多不堪入耳的污言秽语。

车厢里的乘客都立刻明白到底发生了什么事,也纷纷出声谴责起来。面对一车人的谴责,男子的气焰不再嚣张,而是想要找机会逃下车。幸好另一位年轻男子堵住了他的去路,公交司机也趁机停车并关闭车门,车上的人随即报了警。等到警察来把猥亵女孩的男子带走,一切才恢复平静。

在后来的调查中,民警发现,原来这名猥亵男从女孩上车后就一直在骚扰她,时间竟然长达20分钟,女孩忍无可忍这才爆发出声斥责。

人与人之间的相处,需要一定的距离,有科学家将人类个体空间需求分成四种距离,即公共距离、社交距离、个人距离和亲密距离,而且随着关系不同,彼此之间的距离也会

第 五 章

身体防范篇——不要让身体置于"险境"

有所不同，但不论怎样，只有保持合适的距离，我们和周围人相处的时候才能感到安心，一旦这个距离被突破，我们就会感到被冒犯，感觉不舒服、不安，甚至是愤怒起来。

广州公交车上这个女孩的愤怒，其本质是来源于她感觉到了自己身边的安全距离被突破，这种愤怒是很有必要的。因为这样一来，她其实就是在向周围人释放一个很明确的信号，那就是"我是有距离原则的，没有人可以肆意冒犯我，冒犯属于我个人的空间"，也正是因为她的爆发，这才使得其他人意识到了她的遭遇，同时也获得了周围人的帮助。

从这一点来看，女孩给自己的身体定一个"安全距离"非常有必要。

那么具体来说，这个"安全距离"应该怎么来设定呢？

首先，要明确安全距离存在的意义。

有了这个距离，你就可以自由把握自我，不会因为与他人太过贴近而影响到自己做事的频率与意愿，可以让你感觉到更轻松。

有了这个距离，你可以理性隔绝自我与他人的距离，这种隔绝会给周围人一个信号，大家会明白你并不是一个可以随意贴近、毫无理性的人，这种距离感的存在反而会给你带来他人的尊重。

有了这个距离，你还可以借此来观察那些试图靠近你的人是否怀有不一样的心思，凡是心怀不轨的人，都会想方设法突破你的安全距离，而真正尊重你的人，也将同样尊

女孩，你要学会保护自己
身体篇

重你划定的这个距离，所以，这也是个很好地鉴定他人的"工具"。

其次，根据自己的需求设定合适的安全距离。

前面提到了，安全距离分为四类。

公众距离，就是周身4～8米这么一个距离，这个距离人与人之间可以表现出"视而不见"，彼此也可以不需要产生任何关系。

社交距离，也就是隔着一张办公桌那么远的距离，这个距离内可以体现社交礼节，也就是与周围人礼貌打招呼的距离。这个距离在2～4米，表现为一种更加正式的交往关系。

个人距离，就是可以伸手碰到对方的距离，45～120厘米，这个距离也是在进行非正式个人交谈时最经常保持的距离。

亲密距离，也就是彼此的距离范围是15～44厘米，这是人际交往中的最小间隔，甚至可以说几乎没有间隔，这样的距离就可以用"亲密无间"来形容。一般是亲人、很熟的朋友、情侣和夫妻才会出现这种情况。

从距离介绍来看，你应该就能明白要和周围人保持一个怎样的距离了。一般来说，不要给自己只设定一个简单的安全距离，比如有的女孩觉得自己周围只有两种人，一种是不认识的，就可以对对方完全不理会；一种是认识的，就可以和对方保持亲密距离。这种安全距离的设定不仅是对他人的不尊重，也是对自己的不尊重。

第五章

身体防范篇——不要让身体置于"险境"

我们要分得清周围人与自己的关系,不要轻易让人突破亲密距离,你要好好判断周围人的"属性",以免因为混淆亲密距离而给他人带来误导,引发不必要的错误接触。

最后,当有人恶意打破安全距离时要警惕。

原则上来讲,每个人的安全距离都是自我设定的,他人可能并不这么认为。举个例子来说,你自己认为周围人一定不能离你太近,但有些人就是想要和你靠得很近,也就是说对方并不理会你的安全距离,总想要突破。

这时候我们就要提高警惕了,尤其是对一些异性或者陌生人,要及时躲避并再次拉开距离。有些女孩会显得很懦弱,虽然知道有安全距离,可是对方靠近过来的时候,她却表现得很无奈与无助。但是如果女孩不表态,对方不会知道她是否乐意。

所以说,一旦有人恶意打破你的安全距离,你最好有明确的表示,出声提醒,得到周围人的支持,以此来维护自己的安全。

当然还有一点要注意,那就是自身安全要斟酌周围环境,确定自己不会因为这种对安全距离的维护而刺激到对方,要提防对方的恼羞成怒。即便是要维护安全距离,也要先保证自己的安全才行。

女孩，你要学会保护自己
身体篇

约会强暴——生活中潜在的对身体有伤害的危险

北京市海淀区人民检察院的一位检察官在办案过程中遇到了这样一个案件：

还在上初中的小玫通过网上聊天认识了一个18岁的男孩，两人从网恋发展到现实中的见面约会，相约吃了饭之后又去喝了酒。结果，小玫醉酒之后就完全失去了自我判断，很容易就被男孩带回了家。而当第二天醒来时，小玫发现自己被男孩侵犯了。

报警之后，小玫对检察官说："怎么会发生这样的事情呢？韩剧里演的不是这样的，不可能的。"而经过聊天之后检察官发现，小玫因为热衷于追一些单纯表达爱情的韩剧，结果把剧中的情节和观念带进了现实生活。她认为，两人出去约会，男孩借机表白，即便是两人喝醉了回家，也什么都不会发生，她对这样的桥段颇为向往，期盼自己也能得到这样美好的爱情。然而现实却给了她迎头一击。

而据检察官所说，在她办理的案件中，女孩因为约会而醉酒并被性侵的案件并不止这一例，这也不是个案，很多女孩都有这样的遭遇，甚至还有在同学聚会中喝醉，转而被同班男生侵犯的案件发生。

第 五 章

身体防范篇——不要让身体置于"险境"

小玫经历的就是一场典型的"约会强暴",顾名思义,也就是在约会时发生的强暴行为。

为什么会有女孩经历这样的约会强暴呢?看看小玫的认知也能了解一二。有些女孩的思想太过单纯,再加上受到一些理想化的影视剧或小说的影响,她们会错误地将被夸大或者被美化后的影视剧及小说内容也当成是生活的真实状态。而且,原本青春期就会对情感有美好的期待,这种期待在真的经历约会时会被无意识地放大,女孩们此时更多地会去享受羞涩、甜蜜,而容易忽略人身安全问题。

而一些心怀不轨的人或者压根儿就只是想找个乐子的人,就会抓住女孩这样单纯的心思,利用制造美好约会的机会,使用一些手段让女孩意识昏迷,进而实现他们龌龊的目的。

约会强暴所带来的结果,对女孩的伤害是最大的。

首先,是对女孩的身体造成伤害。

强暴是一种犯罪行为,女孩不论是人事不省还是半醉半醒又或者是清醒状态的时候,违背她原本的意愿与她发生关系,都是对女孩最大的伤害。但凡有一丝清醒,女孩都会予以反抗,强暴者便也以更暴力的手段来阻止女孩的反抗,并以更强硬的态度和动作来继续他的行为,这时女孩的反抗也会导致自己的身体受到更多的伤害。曾有新闻报道说,有女孩为了躲避约会强暴,而从四楼跳下,导致全身多处骨折、脊髓神经受损。

女孩,你要学会保护自己
身体篇

其次,是对女孩的内心带来的伤害。

既然是约会,女孩无不带着美好期待而来,而强暴则是在女孩感觉无比幸福的时刻给了她当头一棒,这种强烈的内心反差,可能会让很多女孩对谈恋爱产生恐惧心理,她也许以后都无法再真心付出爱。有的女孩还会出现约会PTSD(创伤后应激障碍,Post-Traumatic Stress Disorder,是指个体经历、目睹或遭遇到一个或多个涉及自身或他人的实际死亡,或受到死亡的威胁,或严重的受伤,或躯体完整性受到威胁后,所导致的个体延迟出现和持续存在的精神障碍),这无疑会对女孩情感发展以及日后家庭生活带来严重的后患。

所以,我们要提高警惕,尽量避免这种危险给自己的人生带来负面影响。如果一定要去约会,应注意以下几方面的安全:

第一,"带着脑子"去约会。

约会不是去放飞自我的,不论是不是爱情约会,你都必须要"带着脑子去",就是要懂得思考,尤其是真的去进行"爱情约会"时,一定不要完全放弃思考,只跟着对方走,只顾着去享受约会的美好,否则你真的有可能遇到危险。

约会前,你要考虑是不是有必要赴这个约会,你要和谁去约会,对方人品如何,这是个什么性质的约会,你是不是需要带着信任的朋友和你一起去,约会都要干什么,要去哪里、时间有多久……这些都是你要考虑的问题,而不是只听见"约会"两个字就毫不犹豫地出门。

第五章

身体防范篇——不要让身体置于"险境"

约会进行过程中,也要注意自己的衣着言行,要记得保持前面提到的安全距离,即便是你喜欢的人,你也不能放任自己,如果他真的心怀不轨,那你无异于自己送上门来。

第二,全程注意所有可以入口的饮食。

醉酒状态最容易让女孩失去理智及抵抗,所以,如果只顾着约会而放任自己随便喝酒,那酒后的危险性也会大大增加。所以,约会过程中,能不喝酒尽量不喝酒,更何况我们本来就尚未成年,更不应饮酒,即便走向成年,饮酒也不是成年的标配。

除了醉酒,约会强暴的发生还有一种常见方式,就是女孩被下了药。

2019年五一假期过后,深圳市检察院就曾经向社会通报,他们已经起诉了多宗涉及"蓝精灵"的贩卖毒品案,提醒人们一定要小心陌生人的饮料。

这里所说的"蓝精灵"又被称为"约会强暴药",就是有人专门在约会过程中下在女孩饮食中的毒品,其本名是氟硝西泮,无色无味,在医学上原本是用于手术前镇静及癫痫发作、严重失眠、抑郁等疾病的药物,有催眠、遗忘、镇静、抗焦虑、肌肉松弛和抗惊厥作用,其中催眠和遗忘的作用更显著。这种药会让女孩出现"顺行性遗忘症",犯罪分子便将它当作"蒙汗药",来达到迷奸、性侵犯罪的目的。

这是非常可怕的事情,而且此类迷奸药品种繁多,往往都在你不知道的情况下被放到饮食之中,让很多女孩都措手

不及。所以约会过程中，你一定要注意自己的饮食，喝的东西不要离开视线，不要吃忽然递过来的东西，不要因为喂食的甜蜜就被冲昏了头脑。真正尊重你的人，不会那么快就对你有这么亲密的举动。

第三，注意约会时间，选择合适的约会地点。

夜晚，宾馆或男孩家中，突然更换的地点……这些因素都是约会强暴更容易发生的前提。所以，约会时间我们要有所把握，不要结束得太晚，不要拖到天黑，适当时间结束就好。约会地点也不要很随意，作为女孩，我们最好是定地点的那一方，选择自己熟悉的、不那么偏僻的地点，要尽量保证地点安全。

对于对方提出的"来我家玩"或者"我们可以回家继续"的邀请，不要轻易答应，适可而止，下次再见，一切都可以循序渐进地来。而且正常的约会都不会涉及私密性很强的场所，真正对你尊重的人，也会尊重你决定的结束时间和约会地点，这一点你要有所辨别。

第四，对家人公开自己的约会。

对家人公开自己的约会，在有些女孩那里可能是行不通的，她巴不得爸爸妈妈不知道自己干什么去了，尤其是约会，她可能会认为这是不被允许的。

但事实上，越来越多的父母会意识到女孩在青春期都可能经历什么，你的情感发展、你的约会，多半也都是父母能想到的事情。既然如此，我们何不更信任父母一些？因为如

第 五 章
身体防范篇——不要让身体置于"险境"

果出了事，也只有父母才是最关心我们的人。

所以，如果你要去约会，那就把你去哪里、跟谁、要干什么、准备什么时候回来等信息都告诉家人或亲友，或者至少也要告诉与你关系好的人。这样万一你遭遇危险，周围人也会有所察觉，并能给予你最需要的帮助。

当然，我们不提倡未成年人与异性约会，还是那句话，这是对自己最大的保护。让该发生的事在该发生的年龄发生，不提早发生才是最妥当的。涉及情感的约会，那是要在成年后进行的。但即使是成年以后，类似的约会也是越小心越好。

女孩，你要学会保护自己

身体篇

 娱乐场所与舞会——可能并不适合青春期的你

一个女孩向某记者哭诉过自己的一段遭遇：

还在上高中的时候，有一次校外认识的朋友说，想要带我去酒吧里玩，说要带我开开眼界，我只图一时新鲜，就答应了她的邀请。

去了酒吧之后，我看一切都好奇。朋友将我一个人单独留在了吧台，她和一个在酒吧遇到的朋友去一边聊起了天。我本来就什么都不懂，只能坐在吧台旁边无聊地看着四周。

就在这时，一个男孩走了过来，还递过来一个杯子，说是请我喝饮料。我根本就什么都没多想，没有过多防备，直接就喝下了那杯饮料。可是喝下去没多久，我就头晕目眩，连句话都来不及说直接就晕了过去。

等我醒来的时候，就发现自己躺在一家宾馆的床上，而旁边就睡着那个请我喝饮料的男孩。这个环境再加上身上的感觉，让我意识到自己被强暴了。

不得不说，这个女孩的遭遇，正是她对娱乐场所过分好奇而又毫无防备的代价。

青春期正是我们精力旺盛的时候，会有想尝试很多东西的想法。不过有些事可以做，比如学习更多有意义的技能，开发更多原本意想不到的潜能，但是有些事情却并不是我们

第五章
身体防范篇——不要让身体置于"险境"

可以涉猎的，比如去各种娱乐场所。

虽然不能一棒子打死所有的娱乐场所或者舞会场地，但是一些人去这些地方或参加这些活动，其目的并不单纯，他们只是为了去寻找容易下手的"猎物"，以达到他们罪恶的目的。

从事例中这个女孩的经历来看，青春期的我们也的确并不适合这样的场所。因为我们太过单纯了，长期身处校园这样的纯净地带，每天的生活无非就是学习、与同学相处、进行简单的游戏活动，我们远没有社会人的复杂，也远远想不到那些可能发生的罪恶到底有多黑暗。而且，这些娱乐场所或活动中，本就鱼龙混杂，不论是影视剧或小说中，还是真实案件中，我们都可以发现，这些地方的人员背景复杂，是一些犯罪违法行为的发生地。

由此可见，娱乐场所、舞会，至少在我们现在这个年纪，并不适合加入其中。

所以对于娱乐场所、舞会，我们要有这样的一系列态度：

首先，不好奇，不向往，不尝试，不体验。

想要在酒吧、舞会上不受人骚扰？最好的解决办法，就是不去。

简单来讲，就是对娱乐场所不感到好奇，不盲目向往，就算有机会也不主动去尝试，那种光怪陆离的场合不需要花费时间去体验。

女孩，你要学会保护自己
身体篇

有人可能会说，生活应该丰富多彩。这话没错，可是如果把娱乐场所、舞会这种"乱花渐欲迷人眼"的场所和活动也归类为"丰富多彩的生活"，那就相当于是在偷换概念，因为在健康的生活中，娱乐场所和舞会都不是必须要去的。

你更多的精力可以放在很多地方，体育运动、技能培养、正常的同学交际、读万卷书与行万里路……当你从这些方面收获更多时，小小的酒吧和无聊的舞会，也就不会在你想要探求的行列之中了，因为你的思想境界和审美水准已经高高在上。

其次，给出合理更改场所或活动的建议。

虽然我们自己可以控制自己不主动去酒吧、舞会，但我们身边的人可不一定这么想，他们也许就会把活动的场所安排在酒吧、KTV等娱乐场所，也可能会想要拉着一群男生女生去体验大舞池的疯狂。

拒绝参与这样的活动的确是个方法，但是每次同学们邀请你都拒绝，也不利于同学关系的维系。那么，我们可以给出更合理的建议，比如不去酒吧，改去其他地方，进行其他更有意思的活动，当然你最好是想得更周到一些，而不是随便就要求大家"去公园逛一圈"。青春期的孩子本就充满奇思妙想，你倒不如动动脑筋，更周到地为大家策划好丰富的活动。

最后，如果真的去了，也要保护好自己。

有时候我们也会真的身不由己，去了地点才会发现是一

第五章
身体防范篇——不要让身体置于"险境"

家娱乐场所，你们要做的事情是"群魔乱舞"。那么这个时候转身就走显得不礼貌，我们应该在这样的鱼龙混杂之地好好地保护自己。

比如，和靠谱的朋友待在一起，要做什么最好是群体一起做，包括去卫生间，也要三五成群；最好随身多带一件衣服，如果穿得暴露了可以遮挡，如果被弄脏了可以替换；娱乐场所的饮食，一定要选择由自己开启封口的，一旦开启就不要离开自己的视线，如果离开座位再回来，要么不再吃喝，要么换一些新的；远离那些社会上的人群，就算你学了再多的知识，因为没有社会经历，你也不可能"玩"得过那些人，不要尝试和他们讲道理，更不要随便透露自己的任何信息；自己算好时间，不要太晚离开，离开时不要让陌生人送你回家，要么是和好朋友一起走，要么是等待可靠的人来接。

女孩，你要学会保护自己

身体篇

防范同性霸凌

广西某地8名女生，只因为对另一位女孩"看不顺眼"，就到女孩的宿舍中，对其轮番实施抓头发、打脸等行为，而且还拍摄围殴视频。当时围观的女生也有很多，大家竟然还"埋怨"打得不够狠。

安徽某县一名初二女生，因为某些小矛盾，而被另外几名女生摁在马桶里，用脚踹，打脸，揪头发，踹肚子。

上海某地一名身穿校服的女孩被多人殴打，打人的人为5名女生和1名男生，真正动手的人多为女生，她们言行举止十分凶狠，把被打女孩推倒在地，轮番掌掴，致使其鼻子流血，她们还强制将女孩按倒跪地。

江苏盐城滨海一名女生被另外一名初中女生侮辱，一边逼其吃黄瓜，一边在其脸上写上"王八"等字眼，并配上八字胡。

四川一名初中女孩与他人发生口角，对方随即伙同其他4人将这名女孩堵在一巷道内，不仅对其殴打，还强迫其脱掉上衣，并拍下裸照发到网上。

广东某中学一名女生被强迫吃下疑似避孕套样的物体，女生一边咀嚼一边哭，整个过程被一名男生故意录像，而旁边强迫她的另一名女生却在得意地嘲笑。

……

第五章

身体防范篇——不要让身体置于"险境"

以上这些校园霸凌的案件，都是有据可循的真实事例，并且都具有一个非常明显且统一的特点，那就是被霸凌的人是女孩，霸凌人的也无一例外都是女孩。

在人们印象中，青春期女孩都被赋予"温柔""乖巧""可爱""懂事""善良"等美好的形容词，然而为什么还会有这些案件的发生？女孩们的特性为什么都发生了如此巨大的改变呢？

曾经有统计资料显示，在校园霸凌事件中，有女生参与的就达到了7成之多，女生之间的霸凌事件更是占到了所有事件的32.5%，相当于有1/3的校园霸凌事件都发生在女生之间。

从这些真实事例来看，大多数的女生霸凌都发生在初中之后，也就是青春期开始之后。这是因为青春期的时候女孩的身体发生变化，思想也会出现变化，对自己的能力、外貌都会产生自我意识，所以她们会想要获得自我肯定、但很多女孩却选择错了方式，她们用侵犯他人来获得错误的价值感，并借用这种方式来释放自己的负面情绪。同时，很多女孩也会开始进入叛逆期，她们想要用不良行为来"证明"自我。另外，一些影视剧或小说也向女孩们传递了错误的"三观"，让她们认为，做"大姐头"、行为举止放荡不羁是"酷"的表现，所以她们模仿暴力，以满足自己的虚荣心。

从这些真实案例中我们还会发现，女孩们多是集体"行动"，她们多半都会选择组团施虐，有发号施令的，也有"冲

女孩，你要学会保护自己
身体篇

锋陷阵"的。但这些团体内部就真的很团结吗？并不是这样的，团伙内部也"等级分明"，一旦有问题出现，原本耀武扬威的施虐者之一，也可能一个转身就变成被施暴者。

这其实也与女孩的心理特点有关，女孩们更看重亲密友谊，谁和谁比较好，这个问题对于绝大多数女孩来说都非常重要；同时女孩也有很突出的从众心理，如果自己太过特立独行，那无疑会成为众人攻击的焦点；另外，很多女孩也觉得，和大家在一起，就可以"法不责众"，而且，自己不过就是"踢了一脚"，也没有做太多别的事，罪恶感会轻很多。

更严重的一点是，女孩对女孩的霸凌往往比男孩更为残暴，因为女孩更明白女孩需要重点保护的部位是什么、女孩最在乎的是什么，所以来自女孩的霸凌往往都更容易伤人内心，这才是最残忍的。很多女孩甚至是一脸纯真笑容地去做坏事，这样强烈的反差冲击对于被霸凌者总是最扎心的刀。

虽然不是说所有的女孩都会经历校园霸凌，但凡事其实都有因果，为了避免日后被霸凌，那么我们不妨从现在开始就先种下一个"好因"，以保证自己能平安度过学生时代。

"好因"之一，做好自己。

这四个字的"好因"非常重要，当你好好读书、有良好的能力、与周围同学建立很好的友谊关系、保持平常心、做什么都很平稳，那么你在班级里就会是一个很自然的存在，而且你良好的表现也会为你吸引来更多的朋友和维护者。做好自己，也可以让你不至于去招惹是非，不会因为言行举动而引起某些人的恶意关注。

"好因"之二，平衡友谊。

用一个比较通俗的说法来说就是，我们要努力成为一个和大多数同学都有一定交情的人，也就是搞好同学关系。不要特立独行，不要只和一个人来往，和周围所有同学都尽量展开平衡的友谊，不偏不倚，不会拉帮结派，但也能有几个交心好友，最不济也和班上的所有同学都能说得上话，不要让自己变成没人关注的人，否则就很容易陷入被孤立的状态。

"好因"之三，好好表现。

很多女孩之间的霸凌可能只是因为某个女孩的一句话、一个行为，虽然听来很无厘头，但事实的确如此。所以，我们也要学会规范自己的言行，说话谦虚，不讽刺、不嘲笑、不多话、不"八卦"，安安分分做好自己的学生本分就可以了。

女孩，你要学会保护自己

身体篇

不要在朋友家过夜，哪怕是女朋友家

12岁的女孩小沈经过朋友介绍，认识了男孩邓某。一天晚上，邓某和好友邀请小沈和她的朋友一起出来玩，四个人一起吃吃喝喝玩得很开心。

眼看着天晚了，邓某邀请大家去自己家过夜。小沈和她的朋友一人睡一间屋子，邓某和朋友睡在另一个房间。凌晨时分，邓某偷偷溜进了小沈的房间强暴了她，并威胁她不得将这件事告诉任何人。

第二天一早，小沈回到家中，被父母看出异样，在父母劝导下，小沈说出实情，父母报了警。随即邓某因强奸罪被依法刑事拘留。

女孩小杨的父母外出务工，她一直跟着奶奶生活。有一天她去好朋友张倩家玩耍，天黑之后就在张倩家中过夜。

当晚，小杨和张倩睡在同一张床上。凌晨时分，张倩的父亲趁着小杨熟睡之际，偷偷来到两个女孩的房间，强行与其发生了关系。

最终张倩的父亲张某因强奸罪被判处有期徒刑五年。

从这两起案件中，我们可以得出一个很明显的结论，那就是不要轻易在朋友家过夜。

第五章

身体防范篇——不要让身体置于"险境"

也许有人说了，朋友就这么不值得信任吗？我们只能说，这世上很多事情都不是如我们所想的那么简单，很多时候一个偶然，也有可能让我们受到伤害。

在朋友家过夜，我们身处的就是一个相对陌生的环境，哪怕你和那位朋友已熟得不能再熟，但你不会知道某扇门背后可能是什么样的环境，你也不会知道还有谁会突然出现在家中。而对于朋友或朋友家的其他人来说，这却是他们的主场，女性朋友家中也可能会有男性家人在，就算你很了解你的女性朋友，但你对她的男性家人一无所知。前面那个被朋友父亲强暴的小杨，她的遭遇还不够引起我们的警惕吗？

所以，在与朋友相处这件事上，关于过夜的问题，我们一定要慎重。

首先，安排好与朋友的玩耍计划，减少过夜的可能。

和朋友玩耍最好安排在白天，到了天黑之时，就要各自分散回自己的家。对于朋友"来我家过夜"的邀请，最好婉言谢绝。这其实也是对他人的一种尊重，同时体现出了你的礼貌和分寸。

同时我们也要注意对方所住的位置，如果他原本住的就远、偏僻，那么我们完全可以在一开始就婉拒去他家里的提议，建议选择一个折中的距离，选择能够保证你和他都快速回家。

如果朋友对你表现出依依不舍，那就和对方约定下次的玩耍计划，哪怕是第二天早起再继续，也好过当天去对方的

女孩，你要学会保护自己
身体篇

家中过夜。

如果朋友执意要求，不妨搬出爸爸妈妈，说家中有严格的家规，不允许外出过夜。这时你一定要态度坚定，并果断行动，或是叫车，或是转身离开，断绝对方想要继续挽留的心思。

其次，在去朋友家前，向家人进行详细的报备。

哪怕是就去楼下的朋友家，我们也需要和家人说清楚自己的去向。去谁家、都有谁、什么时候回来，这些是最基本的要和家人报备的内容。

如果朋友家没有那么近，可以通知家人帮忙接送一下，把详细的地址告知家人，最好把朋友的联系方式也告知家人，方便家人与我们建立联系。

另外，有些女孩可能是住校，趁着周末同学回家，自己家太远，便跟着同学去同学家，这样的做法也并不提倡。尤其是有些女孩还是偷偷地跑去朋友家，父母完全不知道她去了哪里、做了什么，一旦出了事，后果将不堪设想。

所以，详细报备自己的行踪，一方面是让家人安心，另一方面则是给家人留一个可以联系我们的方式，以便提供必要的保护。

最后，拒绝朋友说的"求刺激"的邀请。

青春期的孩子自带"叛逆"标签，很多女孩禁不起他人的诱惑和刺激，有人说一句"你都这么大了还不敢在外过夜""你总是要跟着爸爸妈妈真是长不大"，就容易被激起叛

第五章
身体防范篇——不要让身体置于"险境"

逆心。

作为女孩,我们可不能这么冲动,当对方想尽办法想要留你过夜的时候,倒不如多想想看,对方为什么如此坚持。所以,如果对方反复邀请,甚至不惜刺激你的时候,你也要多一个心眼,不要接受对方的刺激,做到坚持你的原则才是正确的。

第六章
Chapter 6

补救篇——万一出现了问题,如何应对

> 　　青春期的女孩,一方面迅速成长,另一方面的确还只是个孩子,只是个心智不够成熟、能力也并不完备的成长中人。青春期与性有关的问题会骤然增多,面对这样那样的问题,我们可能会迷茫、害怕,但这也是我们成长的过程。万一出了问题,要学会补救,要从教训中去总结经验,让自己全方位地成长起来。

第六章

补救篇——万一出现了问题，如何应对

 如果发生了意外，在心理上如何矫正

12岁女孩小梦被邻居16岁的男孩性侵犯，小梦被对方威胁，说如果敢告诉家人的话，就杀了她全家。小梦害怕极了，又什么都不敢对父母说。每天晚上，小梦都要花上好几个小时来洗澡，有时候还会一直哭，不管父母问什么她都不说。小梦的这种怪异行为，还是引起了妈妈的注意，她怀疑女儿遭遇了性侵犯。

可是妈妈尽管怀疑，却觉得这样的事见不得人，也就没再多问，而是选择保密。但小梦的情况却越来越严重了，晚上放学回家，如果家里没人，她宁愿待在外面也不敢回家，直到家里亮了灯，她才赶紧跑回去立马躲进自己的房间。再后来，小梦上课的时候也不能集中注意力了，成绩迅速地从班里的前3名跌到了倒数10名的位置。一年以后，她还出现了严重的精神分裂症。

面对这种情况，家人只好请了心理专家来帮助小梦。最开始，全家人都闭口不谈小梦被性侵的事，心理专家经过不断地辅导，展开详谈，才从小梦口中得知了实情。

在心理专家看来，"如果遭遇性侵的孩子未能得到及时的心理安抚和干预，负面影响将更深更长久，一直延续到成年，甚至终身"。而发展到严重程度，就会导致患上精神疾病，包括焦虑症、抑郁症甚至是精神分裂症。

女孩，你要学会保护自己
身体篇

很多人都不喜欢意外，因为意外多是突如其来的不好的事。然而没有人能躲得开意外，所以网络上流行一句话，"明天与意外，你永远不知道哪个先来"。意外给人带来的不仅仅是身体上的伤害，心理上的伤害才是最让人痛苦的。就像小梦这样，在经历了不幸之后，因为没有任何解决办法，所以她难以承受。

但也并不是所有人都走不出阴霾，还是有人能够重整旗鼓继续前行的。采取一些合适的手段，进行心理上的矫正，尽可能地放下过去，才能最大限度地让自己恢复到原来的样子，让生活得以继续。

青春期的女孩会遇到各种各样的问题，只是简单的"他不喜欢我""××和我绝交了""我长得不好看"，都可能导致这时期女孩的心理出现问题，更何况更大的变故。像是小梦的遭遇，就已经是非常严重的事情了，那么怎么走出内心的那道坎，就需要寻求合适的方法。

遭遇意外，很多女孩首选是哭和把自己藏起来，这是人在遇到痛苦时的下意识选择，尤其是一些性格内向、内心敏感的女孩，生活一直平平常常，忽然发生了一件让她意想不到的事情，就会给她带来沉重打击，她会想要去躲避，而非想办法面对。但因为阅历少，能力又不足，所以越是自我躲避，就越会钻牛角尖，最终反而让自己陷入更难走出的困境。

实际上，越是这种时候，我们反而越应该去面对问题，

第六章

补救篇——万一出现了问题，如何应对

如果不知道应该怎么处理，那么就去求助，当自己有了可以处理的头绪，就进行自我调整与矫正，让自己能够走出来。

关于求助。

遇到了意外，你第一时间的求助人可以是父母。一般来说，女孩遇到某些意外，多半都很难开口，但是妈妈作为我们最亲近的人且是同性，可能会更容易理解你，你也相对更放松一些，能清楚地描述自己的遭遇以及目前的心理问题。

当然如果情况紧急，那么你的第一求助人也可以是警方。尤其是在你正好处在意外之中，或者刚经历过糟糕的事情，报警会让你当下的情况更快被关注到，由警方来介入也会让你有一定的安全感。而且从普通人的内心来想，都会想要更快抓住那个"让自己受了委屈"的人，所以此时求助警方，其实对于我们自己来说也是一种对正义的依赖。而警方也会帮我们更快地通知父母，并根据身体受伤害的程度联系医院，后续的很多处理也会更正规一些。

经历了这些意外，很多女孩的内心会出现巨大的波动，会产生自我怀疑，有的女孩还会有自我毁灭的倾向。这就意味着我们的心理受到了创伤，出现了不能解决的问题，此时的求助对象可能就需要更专业一些的人了，比如心理医生。

有的女孩可能会感觉向外人讲述自己这种经历很羞耻，所以宁愿去跟父母说。但是你要明白，父母是血脉亲人，他们看待你的问题时，总会带有强烈的情感，也许并不能理智地帮你分析问题。

女孩，你要学会保护自己
身体篇

所以，选择合适的心理医生或者心理专家来帮忙开解女孩内心的痛苦、自卑、恐惧，这才是更有效的。尤其是选择那些专门应对这类案件受害者的心理医生，会更有针对性，更有助于女孩早日摆脱负面情绪。

关于自我矫正。

其实不论是父母的开导还是心理医生的开导，都只是来自外部的帮助，而外部的帮助终究是有限的，如果你自己没有想要振作起来的心，那么外界的帮助再怎么费心费力也没用。

举个例子，外人的帮助对于你来说就好像是在给你准备柴火，你可能会收到特别多的柴火，各式各样，大家的愿望无非就是希望你能"变得暖和起来"，但是你能不能真正暖和起来，却要看你自己是不是愿意点火，否则外人送你再多的柴火，对你而言也不过是占据大量空间的垃圾，如果你再排斥它们，把它们都丢出去，那你就更加暖和不起来了。

也就是说，意外发生之后，求助获得了帮助，但你自己也要真的敞开心门去接纳这些帮助，并从这些帮助中去感受力量、找到开解自我的方法，而不是全部拒绝。当你自己点起小火苗，外界送来的柴火才会让你的小火苗越烧越旺，你才会感受到真正的温暖。

当然，很多意外并不是那么容易忘记，我们可以期待一切顺其自然，忘不了的可以不去纠结，把更多的注意力投入其他事情上，让自己忙碌起来，重新发现自己的价值。

第六章
补救篇——万一出现了问题，如何应对

　　同时还要直面自己的这次遭遇，想想这个因果关系，看看自己之前是哪里没有防护到，想想自己之前曾经有过的幼稚或错误的行为，然后日后改正，磨炼心性，让自己变得坚强起来，也让自己变得遇事多思考，让自己通过这一次的事，从内心开始成长起来。

　　没人愿意发生意外，女孩一路成长过程中需要学习的事情有很多，有些经历虽然没法抹去，但风雨终将过去，及时补救还是能再次迎来美好的明天。

　　所以，希望每一个女孩，无论何时，永远都不要放弃自己。

女孩,你要学会保护自己

身体篇

 善于向父母求助,不隐瞒

女孩小玉跟着到浙江省杭州市打工的父母一起居住,在杭州上小学时,认识了同学小花。因为父母工作繁忙,小玉便经常和小花一起玩,而且小花家可以上网打游戏,小玉就很喜欢去小花家里,做完作业之后就能上网玩游戏。

学校放暑假的时候,小玉就天天往小花家跑。就在这期间,小花的爸爸开始对小玉伸出了魔掌。有时候趁着小花妈妈不在家,小花爸爸会支开小花,然后对小玉动手动脚。这期间小玉也反抗过,也被小花看到过,可是小花的爸爸却让小花不要管那么多,更不能告诉小花妈妈。

而小玉却害怕父母会打她、责怪她,回到家也就真的从不吐露这件事。小玉的父母忙于生计,也就没注意到小玉的内心。为了能去小花家上网玩游戏,小玉就这样忍受了长达一年多的不法侵害。

最终小玉的父母发现这件事,还是由于小玉的一次脱口而出。因为妈妈总是指责她跑去小花家玩,小玉顶嘴说:"我才不稀罕去,你都不知道她爸爸对我做了什么。"

就这一句话才让小玉被骚扰的真相暴露出来,而得知真相的小玉爸爸,在问及小玉为什么不提早说时,巴掌就已经举起来了,小玉说"我怕你们打我"。这也真的是她不敢说实话的原因了。

第六章

补救篇——万一出现了问题，如何应对

> 最终，经过法院判决，小花爸爸被以猥亵儿童罪判处有期徒刑两年。

很多性侵案件的受害者女孩，都选择隐忍，不主动告知父母，有的还会被威胁不得告知父母。于是很多时候，女孩都要自己一个人默默承受这事件带来的压力，如果能撑过去还算好，如果撑不过去，女孩可能就会出现很多极端变化。而就算是自己撑过去的女孩，也不再和以前一样，她的内心将永远有一道伤痕，且她的心理也多多少少会存在隐患问题，说不准在哪天，就会因为一件极小的事情而引爆，日后的发展可能就会无法控制。

前面也提到了，如果遭遇意外，那么你的求助对象中，父母就是你最大的倚仗，也是你最值得信赖的人。

为什么这样说，原因有这样几点：

第一，父母最心疼你，就算生气，他们对你的爱也并不会有所改变。而且，很多父母还是理智的，在事情发生之后，他们更多的精力会投入解决问题上，会把你好好地护在他们的身后，会更加倍地关心你，这种情感是其他人没法给予的。

第二，父母是成年人，他们会有解决问题的认知与渠道，这比你自己一个人担心要好多了。父母的智慧是成年人多年的经验积累而来的，他们在的话，你会更有主心骨，所以父母带给你的安全感也是与其他人给予的安全感不一

女孩，你要学会保护自己
身体篇

样的。

第三，父母和你最亲近，特别是女孩与妈妈的关系可能是这世界上最亲密的两个同性之间的关系了。妈妈知晓你从小到大的很多事，妈妈也经历了很多事，妈妈的很多经验都可以成为你的参考。爸爸和你最亲近，爸爸永远是你可以依靠的一座大山，他给你的支持与包容是这世上最宝贵的东西，他给你的安全感无人可及。所以和妈妈多聊一聊，有助于解开你内心的疙瘩，多和爸爸靠近，会让你一直恐慌的内心感到一丝平静。

说到底，父母是可以依赖的，是能够给我们保护与帮助的，所以遇到问题了不要藏起来，不要怕父母责怪。你要明白，你才是受害者，你不需要对自己的遭遇感到抱歉，相反的，你真诚地求助，才是对父母的信任。

那么到底应该怎么求助呢？

首先，我们要敢于面对自己的恐惧。

不要害怕自己的遭遇，不要害怕由此带来的父母的责怪，在遇到问题的时候，请勇敢面对，你越是勇敢，才越能理清楚自己遇到了什么，同时在向父母讲述的时候才能说得更清楚。所以，一定要敢于面对这份恐惧，要相信父母是会帮助你的，相信他们可以给予你想要的帮助。

其次，要能分得清自己的遭遇与事情的性质。

遇到意外，自己才是受害者，找机会去处理才是对的，所以没必要为伤害自己的人保守秘密。如果有伤害你的人说,"不要告诉你爸爸妈妈,否则我就如何如何",不要怕,他这是威胁与恐吓,这种情况下更应该告诉爸爸妈妈,而不要为他说谎。

而且受到欺负并不是自己的错,你要详细地说明自己遭遇了什么,自己的感受如何,对方的行径是怎样的,这样才能帮你解决问题。你说得越清楚,父母了解得越详细,解决问题也就越有效率。

最后,信任父母而不要过分依赖父母。

有些女孩什么都求助父母,什么都要求父母来进行保护。因为意外的风险而彻底放弃自我,将自己变成父母的附属品,这就违背了我们求助的本来目的。

我们向父母求助是为了更好地让自己再站起来继续前进,所以我们和父母要一起努力,要在父母的帮助下去改善自己的心理状态以及做事状态,争取早日走出阴霾,投入全新的生活中。

女孩，你要学会保护自己
身体篇

 自己的照片被P后放在网上，怎么办

辽宁省沈阳市苏家屯区的初三学生小蓓，是一个胖胖的女孩。

2016年12月底的一天，小蓓突然开始又哭又闹，哭闹过去之后，又开始不吃不喝。而从那天往后，小蓓的异常情况越来越严重，对外人不理不睬不说，就算是家人和她说话也很少回应，后来更是连学校也不去了。

妈妈被她的异常吓坏了，也开始整日以泪洗面。后来家人便开始寻找原因，最终在小蓓的手机里发现了一个同学群，群里有一张被P成的半裸图片，一个上身穿着小背心、体型很胖的半裸身体上被P上了小蓓的头像。正是这张图片，让本来就因为胖而自卑的小蓓感到更加的自卑。

小蓓家人很快找到了学校，学校反馈说，是同学开的小玩笑，但家人并不认可这个说法，随即报了警。经过调查才发现，这个图片早在7月份就已经出现在群里了，小蓓后来才发现。

学校希望小蓓能尽快来学校上学，并和小蓓家人进行协商，P图的同学自己也感到害怕与后悔，该同学家人也表示会赔偿经济损失。然而小蓓的家人却认为小蓓受到了很大的精神打击，需要对方家长和学校方面的正式道歉。

第 六 章

补救篇——万一出现了问题，如何应对

严格来说，小蓓遭遇到的是网络霸凌，被人借助网络或电信设备以文字、图片等形式进行攻击，遭遇霸凌后，有的学生会逃家、逃学、出现慢性疾病、饮食异常等，还会带来精神刺激，出现自尊心降低、焦虑不安、悲观思维等精神方面的异常。显然小蓓被P图恶搞之后，她的表现已经出现了异常。

网络霸凌的形式有很多，其中一种形式就是"把受害人的容貌移花接木至他人相片中，或在这些相片旁加上诽谤性文字，俗称'改相（改图）'"，这种形式对受害人的冲击非常直接，很多图片不堪入目，尤其是对女孩来说，自己的脸被P到某些裸露的、丑陋的身体上面，还被发出来供众人"观赏"，并"收获"各种各样的嘲讽、爆笑、辱骂，会让很多女孩都无法承受。更别提现在的图像技术更加高端，有的人会通过AI换脸技术，把女孩的脸换到某些低俗色情的视频中去，并在网上广泛传播，这更会给女孩的内心带来严重的摧残。

面对被P图这种形式的网络霸凌，我们应该怎么办？小蓓因为行为出现了异常被家人发现，进而才发现了她的遭遇，试想如果小蓓一直没有表现出这些异常，那么她的遭遇还要过多久才能被家人知晓呢？她还要承受多少因为被P图传播而带来的心理压力？

很多人遭遇网络暴力时，最初可能也会想要选择"无视"，想要通过不去理会来避免让自己受到影响，希望时间能

女孩，你要学会保护自己
身体篇

冲淡一切。然而遗憾的是，网络是有记忆的，尤其这种"猎奇""玩笑"类型的内容，更容易被传播得到处都是，不然我们也就不会直到今天还能看到"姚明囧笑脸"在流行了。所以，只是简单地不去理会并不足以解决这个问题。

网络霸凌不容姑息，最好是能在第一时间消除影响，对于遭受网络霸凌的我们来说，也应该在发现的第一时间就采取措施，不要任由影响发散，给我们带来更沉重的心理负担。

第一，了解所使用的社交媒体的举报规则，学会屏蔽与举报。

凡是正规的社交媒体平台，都是有举报机制的，如果遭遇了网络霸凌、骚扰，除了屏蔽骚扰者，还可以对他们的行径进行举报，如果平台管理反应及时，那么那些霸凌内容就能在最短的时间里被遏制，将我们受到的伤害降到最低。

所以当我们进入一个社交平台时，除了学习怎么发言、评论、回复，还要学习如何屏蔽、举报，就像在现实中学会拨打110一样，在关键时刻能知道如何保护自己。

第二，不要想着单枪匹马去反击，而是迅速截取证据以备日后之用。

不论对方说了什么、做了什么，如果真的是针对你的，那么你的任何反击都会引发接下来没完没了的"对战"，而对方或者一旁围观的路人，可能会接着利用你的这种反应，继续逗口舌之快。

第 六 章
补救篇——万一出现了问题，如何应对

但实际上，这种时候，你往往都是那个势单力薄的人，即使有人站在你身边帮忙，也无法堵住那么多不明真相的人的口。所以在这时，选择无视还是有道理的，只不过不能只是无视，我们还要行动起来。

及时截取那些不当言论或P图、视频内容，留存做证据，查找发布人的相关信息，比如ID、发布时间，如果能看到其ID背后的其他信息就更好，一并截取留存，以待举报时用，或者日后报警时作为证据。

第三，及时告知父母、老师，如有必要，还可以连带证据报警处理。

遭遇P图形式的网络霸凌，自己一个人承受压力很难，女孩本就心思细腻，面对这样难堪的局面并不一定能承受得来，所以最好及时告知父母、老师自己的遭遇。来自成年人的理解和帮助是很有必要的，他们的理性和智慧，可以帮我们缓解内心的焦虑，也能给出更为合适的处理方案。

另外，如果有必要，可以把收集到的证据留存之后，在父母或老师的陪同下提交给警方，进行报警处理，等待警方做出更合理的判断。

第四，从源头就做好自我保护，以免私人信息在网上被泄露。

说到底，若想要使用你的图片进行P图，那么对方首先应该要有图片，那么图片从哪里来？当然是从你的社交平台相册中来了。而至于说怎么发布到你的朋友那里去的，大概

女孩，你要学会保护自己
身体篇

率就是通过你的通讯录或者朋友圈了。

所以这也是在提醒我们，在使用任何社交媒体平台时，都要保护好自己的隐私信息。前面提到过相关的更详细的内容，这里不再赘述。只是我们一定要牢记，不要随便就把自己的照片发布到网上供众人观看，涉及隐私的内容只有自己能守得住，哪怕是你设为"仅自己可见"，也还是有被他人破解密码看到的可能。

第六章

补救篇——万一出现了问题，如何应对

如果不小心怀孕了，怎样正确应对

2019年某段时间，西安医学院一附院产科接连为好几位初高中女生进行接生。

14岁的小田，在宿舍的厕所里自己分娩出一名男婴，还是同学发现了她的情况才拨打了120，并在老师的陪同下住进了医院。婴儿因为没有进行正规的断脐处理被送进了新生儿科进行观察，小田自己则一脸漠然地一同在医院进行观察。

16岁的高中女孩，突然腹痛难忍，妈妈还以为她得了急性阑尾炎，连忙拨打了急救电话。而急诊医生到了之后发现，女孩除了腹痛难忍，下体还伴有少量出血，由此医生得出诊断结论，女孩即将分娩。到了医院，女孩随即在产科医生及助产士的帮助下顺利分娩。女孩妈妈此前对女孩怀孕的事一无所知，慌乱而又无助。

17岁的小马，上课的时候突然腹痛难忍，原本还想瞒着周围人，但阵痛让她实在无法坚持，这才在朋友的陪伴下来到医院产科。而小马一直都知道自己怀孕了，但是完全不知道应该怎么办，不敢告诉朋友，更不敢告诉父母。因为在电视上看到很多意外流产的剧情，小马就认为多运动、穿紧身衣、吃刺激性食物就可以流产，于是她不断尝试各种方法。然而时间一天天过去，她不仅没有流产，最终反而等来了分

女孩，你要学会保护自己
身体篇

> 娩。而就算孩子已经出生了，她也依然没想好自己到底该怎么和父母说。

少女意外怀孕，这并不是一个很新鲜的话题，但它的不新鲜，却也在实实在在地向我们表明这个话题的沉重。看看这来自医院的真实病例，这些十几岁的少女妈妈，她们的未来以及她们孩子的未来，真的充满了太多的未知。或者说，这些少女妈妈们从发现自己怀孕那一刻起，她们的人生就已经发生了巨大的变化。

显然，这些变化并不是她们自己以及家人所愿意看到的，那怨谁呢？当事情发展到这个地步的时候，抱怨其实已经是无用之举了。不论是对于放纵了自己偷尝禁果的女孩，还是那个引诱女孩一起"尝"的男孩，再怎么去责备去教育，事情已然发生，结局似乎也早早注定。

不仅如此，有的时候女孩怀孕，造成这一后果的男孩也会内心崩溃。比如曾经就有新闻报道，某初中一男生带着女生去医院做检查，结果发现女孩怀孕，16岁的男孩当时就懵了，随即又与女孩的家长发生了激烈的冲突，随后男孩跳楼自杀。

由此可见，在青春期与"性"有关的问题上，就算我们不能实现自控，但也要知道当问题出现之后，自己可以做什么来补救或者解决问题，而不是自己一个人硬扛，或者因为不理智而与父母老师出现不可调和的冲突。

第 六 章

补救篇——万一出现了问题，如何应对

既然没挡得住性的诱惑，也没有较为完备的防护措施，那么我们至少也要在这之后有立刻补救的行动。

青春期的女孩，一旦发现自己怀孕了，就要立刻做以下几件事：

第一，去医院进行正规检查，明确自己的身体状态。

每个女性的怀孕状态都是不同的，而女孩们获知自己怀孕的途径也是不同的。比如，有的女孩是通过自己月经的情况来判断的，有的女孩则是通过身体体重及食欲变化来判断的，还有的女孩是因为身体虚弱入院而得知的。

事实上，怀孕之后你的身体会发生很大的变化，而且你现在还处于青春发育期，身体各方面的发育都不完全，所以，不要放任身体状态的改变。尤其是你之前还曾经进行过无防护措施的性行为，那么当你感觉身体不太对劲之后，就要去医院进行正规检查，若是自己通过验孕棒或月经变化而发现可能怀孕，就更要去医院进行检查，以明确自己的身体状态。

这个过程是不能被忽略的，因为怀孕不只是你所理解的你的肚子会慢慢大起来，还有一种情况是受精卵会在子宫以外的地方扎根，也就是出现宫外孕，如果你不能及时发现，那么宫外孕所造成的腹痛大出血是会要人命的。另外，还有一种可能是胎停，如果胎儿在你腹中停止发育而你又不知道的话，你同样会陷入生命危险中。

所以，发现身体变化然后进行检查来确保身体状态这一

步，一定要重视起来。

第二，将实情告诉妈妈，具体情况和妈妈多商量。

发生怀孕这样的事，并不是一件小事，这可以算是你人生中一件非常大的事情了，所以不要隐瞒，要及时告诉家人，而妈妈则应该是你最值得依赖的一个。

你可以告诉妈妈自己身体的变化，选择委婉的方式，或者直接的方式，就看你对妈妈的了解了。至于说要不要告诉妈妈这个孩子的父亲是谁，你可以自己决定。从你的内心来讲，这是属于你的私心小秘密，但在妈妈看来，她也许需要知道事情具体的真相，那么具体要不要说、要怎么说，你可以和妈妈进行商量。

后续要怎么来处理这种情况，也是要和妈妈进行商量的，妈妈比你知道得要多一些，去什么医院、怎么做好保密工作，等等，妈妈会给你很多正向也有用的意见。

越是这种时候，其实我们越是需要妈妈，凡是情感开明的妈妈，都会愿意给你所需的帮助。不要在还没告诉妈妈之前，就猜测妈妈会责怪你，会去找对方的麻烦。你要知道，妈妈对你的关心胜过世上任何人，她心疼你小小年纪就经历这样的事情，所以，也请你相信她会帮助你解决你因一时之快带来的这些麻烦。

第三，不要自己私自选择任何一种处理方式。

看看前面那些女孩的处理方式，有隐忍不说的，有不明情况不管的，还有自己想各种办法遮掩的，除此之外，相信

第 六 章

补救篇——万一出现了问题，如何应对

很多人也看到过，很多怀孕女孩自己吃打胎药，或者自己去私人小诊所进行手术，这些处理方式都是不负责任的表现。

怀孕后的处理并不是一件小事，任何随便的处理都可能给你带来终身遗憾。想必很多人都知道，在没有正规资质的小诊所进行流产手术，有的女孩因为操作不当而终身不育，有的女孩则因为大出血而失去生命。

所以，一定不要自己去选择任何处理方式，不要想着出了这样的事还自己去遮掩甚至想息事宁人，这并不是你可以承受的后果。就算是你侥幸自己处理过了，也会给你留下错误的认知，你会认为流产是一件简单的事，后续你可能会更加不在乎这件事，但你的身体却会在你的肆意折腾中变得越来越差。和妈妈一起，去正规医院进行恰当的处理，才是对自己的身体最好的保护。

第四，性侵导致的怀孕，更要详细地告知父母和警方。

有一些女孩是被迫怀孕，被性侵之后出现的怀孕情况，更要及时告知父母及时报警，具体怎么解决身体的问题和根据你身体上的证据来寻求犯罪嫌疑人，都要交由更权威、更有方法的专业人士去做。

不要觉得这是自己的耻辱，这并不是你的错，你的身体也不需要为此付出更多的代价，相信正义会还你公道，父母的爱也会带你走出那片灰暗。

女孩,你要学会保护自己
身体篇

跟艾滋病病毒携带者有了亲密接触,怎么办

> 湖南省长沙市妇幼保健院妇科病房曾经住过一名15岁的女孩,她是因为急性妇科炎症而入院的,当时医生为她进行了基本的处理,妇科炎症的问题并不是什么大问题,但是当医生开始询问病史的时候却感到了震惊。
>
> 这名模样清秀的15岁女孩,从13岁就开始有了性行为,同时交往了3个男朋友,而且和这3个人都有过性行为,并且都是在无保护措施的情况下进行的。
>
> 医生接下来对女孩进行了一系列检查,检查结果显示,她的HIV检测结果非常可疑,经过进一步检测,女孩最终被确诊为艾滋病病毒感染。
>
> 根据了解,女孩从小父母离异,一直是由父亲养大的,也许正是家庭原因导致女孩从小就很叛逆,很早就辍学,并开始早恋,直到这一次来医院检查,才发现她感染了HIV,具体是怎么感染上的,从哪一个男朋友那里传上的,她也一无所知。

青春期少女与艾滋病,在一般人的观念里,原本应该相距遥远。然而事实却令人震惊,一些十几岁的女孩,就已经成了艾滋病病毒携带者或传染者。虽然不排除有路边摊扎耳洞等行为引发的血液感染,但是大部分女孩的感染,还是因

第六章

补救篇——万一出现了问题，如何应对

为和艾滋病病毒携带者有过亲密接触，是由于性行为而被感染的。

艾滋病病毒的传播条件其实还是非常苛刻的，只要没有明显的血液、体液接触，艾滋病毒基本上可以与普通人绝缘。而亲密接触势必会有体液接触，如果再动作粗暴一些，就会有血液接触，如果在不知情的情况下，和艾滋病病毒携带者有了亲密接触，那么感染的概率就非常高了。

曾经有统计显示，"2011—2015年，我国15～24岁大中学生艾滋病病毒感染者净年均增长率达35%（扣除检测增加的因素），中国的艾滋病病毒感染总人数是57.5万，其中学生占1.6%。仅就'十一五'期间，中国的青少年感染艾滋病病毒的增长率在32%，扣除检测增加的因素，净增长率为20%"。

这是非常可怕的一件事，只因为青春期女孩对性的好奇，对性行为的新鲜尝试，就接触到了带有不良企图的人，或者接触了自己对自己是否携带病毒一无所知的人，结果就会不幸中招。这个好奇的代价真是太大了。

一旦接触到了艾滋病病毒携带者，和他们有了亲密接触，接下来又该怎么办呢？其实要回答这个问题并不容易，毕竟除了一些人的主动"交代"，否则你可能并不知晓和你有亲密接触的人到底有什么问题。

那么，我们就要从发生性行为这件事来入手。

首先，自然是你要能克制住自己的欲望。

坚决不要在青春期，在才十几岁的时候就发生性行为，

女孩，你要学会保护自己
身体篇

而且婚前性行为从身心健康、安全的角度来讲，也是不要尝试为好。

简单来说就是，当你能够实现洁身自好，能够做到不轻易就交付自己的身体，尊重自己，尊重自己的情感时，你很大概率是可以与艾滋病病毒绝缘的。

其次，正确认识与艾滋病有关的各项知识内容。

面对艾滋病，无知才是最可怕的，不知道和一知半解，都可能会让你错过最佳的应对时间。艾滋病本身尽管的确比一般病毒更难对付，但也并不是如我们想象的那么恐怖。而且，很多艾滋病患者最终并非死于这个病的本身，而是因为各种并发症导致性命不保。

也就是说，HIV本身并不会引发任何疾病，但是它会破坏人体的免疫系统，人体会由于抵抗力过低而丧失复制免疫细胞的机会。这就导致人体内的免疫平衡被打破，各种病菌很容易入侵人体，从而使人感染各种疾病，这种复合感染引发了死亡。

HIV病毒在人体内的潜伏期平均是9～10年，而在其爆发前，所有的"病人"就都只是HIV病毒携带者，可以和正常人一样生活工作多年。

可能在感染初期，有些人会表现出持续低烧、咳嗽、无故腹泻、全身无力等症状，但这样的情况很快就会消退。也有人会出现短期暴瘦，身体多处淋巴结肿大以及不明原因的持续性低烧不退，且反复无常。也就是说，不同的人可能会出现不同反应。

最后，在亲密接触过后，要有相应的应对措施。

有过亲密行为之后，最好能和对方了解一下与艾滋病有关的事。尤其是那些找了社会青年做男朋友的女孩，如果能了解到他们之前的性经历，就会做到心中有数。

若是有人恶意传播病毒，在和女孩发生性行为之后告诉了她，那么哭闹并不是此时她最应该做的事情，一定要及时进行处理。因为假如不幸发生高危性行为，女孩可以在有效的时间内通过HIV阻断药自救，以最终躲过那个你最不愿面对的可能。

HIV病毒进入皮下或黏膜后，从感染局部到扩散出去一般需要72小时，所以在这72小时内阻断效果最好。连续服药28天，每天1~2次，详细内容遵守医嘱就可以了。当女孩怀疑自己可能与艾滋病病毒携带者有了亲密接触之后，最好及时去医院，从医生那里获得最为有效的帮助。

当然，如果没有及时发现自己，可能就错过了这个黄金72小时。那么在这之后，当有所怀疑时，就要进行一下艾滋病毒的检测，尽早确诊才能尽早展开救治。

还是那句话，杜绝青春期性行为是女孩对自己最大的保护。

女孩，你要学会保护自己

身体篇

被强迫发生了性关系，如何应对

2018年12月29日，湖北省钟祥市高一女生萧雅接到了她一直喜欢的高二学长小凯的邀请去一家酒店玩。因为对学长的喜爱，萧雅也没有多想就答应了。在她进入酒店房间之后，小凯就一把将她扯进了房中，此时的小凯已经凶相毕露。萧雅吓坏了，可是想跑已经来不及了。最后，小凯不仅打了萧雅，并强迫她发生了关系，还威胁她不能告诉家人。

尽管如此，萧雅只是觉得很受伤，对小凯的喜爱却依然未减，还在自己的社交空间上留下表达爱意的话语。哪知道，小凯却并未如萧雅所想的那样，他转头就把自己当天与萧雅发生关系的细节发给了自己的同学，很快小凯和萧雅发生过关系的事情在学校几乎人尽皆知。

萧雅认为自己被欺骗了，而且"两人发生关系"的内容也因为传得太广，让她不得不忍受各种流言蜚语。背上了沉重心理包袱的萧雅开始自残，她认为身体上的痛苦可以让自己忘掉精神上的痛苦。

萧雅的妈妈在知道事情的真相之后立刻报了警，小凯因涉嫌强奸罪而被刑拘。

萧雅在此期间频繁自残甚至试图自杀，2019年3月她被确诊患上了抑郁症。但最终，她还是没能等到最终将病症彻底治好，8月10日，萧雅服下大量晕车药自杀。

萧雅的妈妈则表示要继续追究嫌疑人和校方的责任。

第六章

补救篇——万一出现了问题，如何应对

萧雅的悲剧令人唏嘘。青春期时懵懂的情感萌发，原本是一件正常的事情，但却被强迫过早品尝突破底线的滋味，不仅如此还要忍受接下来的被轻视、被侮辱，这对于一个女孩来说的确是难以承受的事。

但难以承受并不意味着完全不可以承受，作为受害者，已经受到了这种伤害，如果再任由这件事一直压在心底，并用这件事来惩罚自己，这无疑是在强迫自己背负更多的痛苦。

然而话说回来，站在第三者的角度，也许我们都可以说得出来很大度的话，但是我们可能永远没法共情那些真正经历过这些事的女孩的感受。任何人所承受的痛苦，个中滋味都只有她自己才能真正品尝得到。

所以，对于并未经历过这种种的我们来说，就只能通过不断增强自我保护措施，来尽量避免自己遭遇这样的情况。但同时，我们也要提前做好一些心理准备，也就是说，假如万分之一的可能，我们也经历了这样的事，被强迫发生了关系，那么我们也像萧雅这样被沉重打击并最终放弃生命吗？真心希望每一个可能有这样经历的你不要这样做，希望你能看看下面的一些建议，说不定会对你有一些帮助。

第一，存留证据，去正规机构检查身体。

很多女孩被迫发生性关系之后，总会下意识地就去洗澡，会觉得自己脏了，迫切想要把自己洗得更干净。然而这样做更多的是一种心理暗示，从实际角度来说，这样做对自

女孩,你要学会保护自己
身体篇

己是大大不利的。强暴是一种强迫性行为,女孩身上会留下各种可能指向嫌疑人的痕迹,对方留下的体液、血液、唾液,都可以成为指证他的最有力证据。但如果不停地洗澡,就相当于洗掉了最能证明你经历了什么的证据。

所以,女孩要锻炼自己对不良事件的承受能力,在经历如此惨烈的事情之后,尽可能地让自己头脑有一丝冷静,用这一丝冷静来"指挥"自己留存证据。可以拍照,可以用棉签擦拭你记忆中记得的那些他的体液触碰过你的地方。

当然,不论是不是能自己做到这些事,报警都是很重要的,通知警方,然后到正规的医院去进行身体检查,并由医生或者警方来留存相关证据。

而且,去正规机构检查身体也是对自己的负责,强暴采取的强迫手段会让你受伤,医院会进行最正规合理的治疗,帮助身体尽快恢复。而且医院或警方一般也会给经历过这样事情的人一些心理上的辅导,女孩也许可以更快走出这片阴霾。

第二,不要过分自我安慰,理清事态性质。

被强迫发生关系,其实就是被强暴,而案例中小凯对萧雅不仅强暴还有殴打,是采用暴力手段的强暴,不论如何,违背对方意愿而发生关系,本身就是一种违法行为,所以不需要给自己任何安慰,什么"他还是爱我的""他就是心急了""我可以忍受",这样的想法对自己太不公平。可以说,萧雅就是陷入了这种错误的心理中,才让自己后续受到更大

第六章

补救篇——万一出现了问题，如何应对

的伤害。

女孩一定不要给自己这样的安慰，强暴自己的人，都是心思不正的人。尤其是在对待自己也喜欢的人的强暴时，很多女孩会产生错觉，这其实只是一种自我安抚，但却会助长对方的气焰，毕竟女孩这样做就相当于降低了自己的尊严，这是非常不好的选择。

所以，女孩一定要认清这件事的性质，强暴是违法犯罪，哪怕是你喜爱的人也没有道理姑息，从法律上来讲，婚内强暴都是不可行的，更何况只是互有好感而已。

总之，经历了强迫性行为，不论对方是谁，都一定要及时报警处理。

第三，尽快走出被性侵的阴影。

很多女孩之所以难以走出这种痛苦，都源于内心的一种错误的判断，那就是"我是不好的，我被强暴了，我已经变得不纯洁，我是让家人蒙羞的人，我是让自己抬不起头的人"。这是绝对的错误认知。

印度影星阿米尔·汗做过一档尖锐揭露印度社会问题的电视节目，名为《真相访谈》，其中有一集中，一位上了年纪的女士讲了这样一段话，"如果我被强暴了，有人会说我失去了贞操，我怎么就失去了贞操呢？我的贞操不在我的阴道里。我想问问所有人，为什么你要把你的贞操，放到女人的阴道里，我们可从来没有那么做，失去贞操的应该是强奸犯，而不是被强暴的人"。

女孩，你要学会保护自己
身体篇

　　这段话值得女孩好好思考。女孩要摆正自己的态度，女孩是受害者，需要获得帮助，也需要去正视这件事，而对方是加害者，或者更严重一点来说，他是犯罪者，他才是犯错的那一个，他才是应该被唾弃的那一方。

　　虽然身体受到了伤害，精神上也经历了刺激，内心会觉得很难过，但这些都不是女孩的错，女孩经历了一段地狱般的生活，但未来的生活并不总会如地狱一般。还是要接纳周围人，比如父母，比如真心对你好的朋友的关怀，并积极解决因为这件事而带来的种种伤害，坚强地继续生活下去。那些犯了错的人，他们带来的问题，不应该由女孩付出自己全部的生命来抵偿。

　　也许这个过程并不会短，毕竟每个女孩都有自己的性格和处事方式，但还是希望受过伤害的女孩能够尽快走出阴霾，不要让自己的一生因为一个不值当的人而被彻底毁掉。

第六章

补救篇——万一出现了问题，如何应对

 ## 如果不幸遭遇了"性暴力"，怎么办

2016年9月26日，世界避孕日主题宣传活动中发布了《大学生性与生殖健康调查报告》，报告中显示，青春期是发生性暴力或性骚扰的高峰时期，童年期和上大学之后遭遇性暴力或性骚扰的情况基本持平。有35.1%的调查对象曾经遭遇过基于性别的性暴力或性骚扰。

从性暴力与性骚扰的形式上来看，以"关于性的言语上的骚扰"最为常见，然后是"被他人强迫亲吻或触摸隐私部位"和"被他人强迫脱衣、暴露隐私部位"。从性别上来看，34.8%的女性都曾遭遇过性暴力或性骚扰，男性的比例则为35.6%。

报告中还指出，在性暴力或性骚扰的实施者中，绝大多数为同学或朋友以及男（女）朋友，分别占实施者频次总和的27.6%和26.9%。其次是占14.7%的陌生人和占11.2%的网友，老师和上司占比最少。

调查报告还发现，在男、女大学生人群中，性骚扰或性暴力的实施者构成略有不同。对于女性来说，实施者主要构成包括男（女）朋友（25.6%）、同学或朋友（21.1%）、陌生人（19.6%）和网友（13.8%）；对于男性而言，主要实施者为同学或朋友（38.9%）、男（女）朋友（25.6%）和网友（6.7%）等。

女孩，你要学会保护自己
身体篇

什么是"性暴力"？我们要明确一下这个定义，世界卫生组织将性暴力定义为"无论当事人双方是何种关系，以及在何种情形下（包括但不限于在家里和工作中）任何人通过强迫手段使另一方与其发生任何形式的性行为、企图发生性行为、令人厌恶的性暗示或性骚扰、买卖行为或其他另行说明的行为"。

而从上面提到的这个调查报告内容来看，性暴力或性骚扰的确是青春期需要我们格外注意的一件事。毕竟报告中的这一调查结果，即"青春期是发生性暴力或性骚扰的高峰时期"，需要我们高度重视。

青春期的我们对于性一知半解却又渴望了解，而当不能很好地认识它时，有的人就会变身为性暴力的发起者，而侵犯的对象有极大可能就是发起者身边的同学、朋友等。

相信一些女孩也经历过"性暴力"，只不过有些女孩会单纯地认为，只有实际性的性行为才与性暴力有关，就像前一节提到的"强迫性行为"，但实际上"关于性的言语上的骚扰""被他人强迫亲吻或触摸隐私部位"和"被他人强迫脱衣、暴露隐私部位"也同样是性暴力中不可被忽视且占比非常大的行为，当然也包括被强迫的任何形式的性行为及性行为企图等，这些都是需要我们去防范的。一旦经历了这些，其实已经经历了性暴力。比如，有人不断地在网络上发布侮辱我们的信息，并涉及黄色、暴力的内容，这就意味着我们在经历性暴力。

对于这些遭遇，女孩往往充满焦躁，表现得难以忍受，甚

第六章
补救篇——万一出现了问题,如何应对

至有人因此患上了严重的心理疾病或精神疾病。但实际上,这些都并非不可应对,这时候我们应该要理智地去行动。

首先,允许自己释放难过的情绪。

性暴力因为形式表现多种多样,所以一个女孩可能会从言语、行为、环境中都感受到这种暴力带来的冲击。遭遇这些会让人的内心陷入一种难过的情绪中,一些心理承受能力比较弱的女孩,会难以走出来。

其实绝大多数女孩也都会愤怒,"为什么是我""凭什么是我""我哪里招惹你们了""怎么就不能放过我呢",这些想法交织在一起,会让女孩的精力被大量消耗,疲惫、焦躁、害怕、担忧……种种情绪也会直接破坏正常的生活。

这时怎么办?你可以释放情绪,不需要因为别人的错误而压抑自己。可以摔打软的枕头、靠枕,或者其他可以被你想象成是对方的东西,用摔打、喊叫来将自己的愤怒发泄出去,也可以找个空旷地方,喊出来、骂出来,把你内心深处最难受的情绪全都发泄出来。

总之,不要压抑自己的情绪,你可以尽情表达愤怒,这样也是在为你自己的内心减压,使你不至于沉浸在过分沉重的情绪之中。

其次,精准求助,而不要见人就哭诉。

遭遇性暴力,想要尽快解决这件事,就要找准求助对象,比如可以求助于支持你的父母、老师、理智宽容的朋友、有经验的心理咨询师等,他们可以从不同方面给你不同

女孩,你要学会保护自己
身体篇

的支持,让你不会产生孤独感。

与此同时,你也要学会控制,有些女孩觉得自己委屈不已,会不停向人哭诉自己的遭遇,认识的人说一遍,网上陌生人也说一遍,把一件事反复说。虽然人们会同情你的遭遇,但当总是听这些内容的时候,人们就会将你归类为"祥林嫂"。反复的哭诉并不能解决问题,人们会觉得,你有这个时间,还不如自己去做点什么振作起来。

所以,我们也要学着成熟起来,不要像个不懂事的孩子,遇到事情除了四处告状就再没有其他选择。性暴力虽然是一种伤害,但也是另一种人生坎坷,跨过去了,你可能会变得更坚强。

最后,不要用"以暴制暴"的方式解决问题。

我们来设想这样一个场景:一个女孩遭遇了"性暴力",但女孩没有采取正确的求助方式来解决问题,而是找了社会上的"大哥",对欺负她的人使用了暴力方式来进行报复。

受到了暴力伤害想要反击回去,这是受害人很正常的心理反应,但选择怎样的方式反击却是需要理智与智慧的。不要傻傻地同样捡起屠刀,否则你就是在以放弃自己的善为代价来给他人的错买单,这非常不值得。

尽管暴力伤人,但能坚持维护自己内心原本的正义,才是你成熟和理智的表现。所以,你完全可以用正确的方式来应对这些违法行为,等这一"篇"翻过去,你依然是那个美丽善良的女孩,你的未来会拥有无限的可能。